Kurt Igler · Helga Bültermann-Igler · Elisabeth Licek

Forellenzucht

Kurt Igler · Helga Bültermann-Igler · Elisabeth Licek

Forellenzucht

Leopold Stocker Verlag
Graz – Stuttgart

Umschlaggestaltung:
DSR Werbeagentur Rypka GmbH, 8143 Dobl/Graz, www.rypka.at
Titelbild: Wolfgang Hauer, Linz
Bildnachweis: Archiv Leopold Stocker Verlag: S. 17, 35 oben, 37, 44 unten, 50, 54, 69 oben, 80; Andreas Baumgartner: S. 115 rechts unten; Ernst Braun: S. 117 links Mitte; Helga Bültermann-Igler: S. 9, 13, 16, 18, 22 Mitte u. unten, 23, 25, 29, 30 unten, 31, 35 unten, 38, 39, 41, 43, 44 oben, 52, 55, 56, 58, 59, 60, 62, 68 links, 70 links oben, 71, 73, 74, 76, 82, 84, 86 links, 88 rechts unten, 89, 93, 97, 98, 101; FIAP GmbH.: 68 rechts, 85, 88 links unten u. rechts oben; Oliver Hochwartner: S. 116; Gerhard Hrastinger: S. 22 oben, 70 rechts oben u. unten; Kurt Igler: S. 15, 20, 28, 30 oben, 33, 75, 86 rechts, 102, 103; Elisabeth Licek: S. 115 rechts oben; Friedrich Wachtel: S. 117 rechts oben, 118 links oben, 119 links oben; Thomas Weismann: S. 115 links unten, S. 117 links oben u. rechts unten, 118 rechts oben, 119 rechts oben u. links unten, 120, 121, 122; Graphiken: Eileen Star, Graz, mit Ausnahme von S. 38: DSR Rypka, nach Vorlagen der Autoren.

Bibliografische Information der Deutschen Nationalbibliothek
Die Deutsche Nationalbibliothek verzeichnet diese Publikation in der Deutschen Nationalbibliografie; detaillierte bibliografische Daten sind im Internet unter http://dnb.d-nb.de abrufbar.

Hinweis: Dieses Buch wurde auf chlorfrei gebleichtem Papier gedruckt. Die zum Schutz vor Verschmutzung verwendete Einschweißfolie ist aus Polyethylen chlor- und schwefelfrei hergestellt. Diese umweltfreundliche Folie verhält sich grundwasserneutral, ist voll recyclingfähig und verbrennt in Müllverbrennungsanlagen völlig ungiftig.

Auf Wunsch senden wir Ihnen gerne kostenlos unser Verlagsverzeichnis zu:
Leopold Stocker Verlag GmbH
Hofgasse 5/Postfach 438
A-8011 Graz
Tel.: +43 (0)316/82 16 36
Fax: +43 (0)316/83 56 12
E-Mail: stocker-verlag@stocker-verlag.com
www.stocker-verlag.com

ISBN 978-3-7020-1770-5

Layout und Repro: DSR Werbeagentur Rypka GmbH, 8143 Dobl/Graz
Druck und Bindung: Christian Theiss GmbH, 9431 St. Stefan

INHALT

VORWORT

VORWORT ZUR 1. AUFLAGE

Je mehr der Mensch von seinem Beruf in der Industriegesellschaft beansprucht wird, desto intensiver sucht er die Betätigung in der Natur und den Umgang mit den in ihr lebenden Geschöpfen. Die Fische und ihr Lebenselement, das Wasser, üben auf ihn besondere Anziehungskraft aus, was sich immer wieder bei Ausstellungen zeigt, wo eine Aquarienschau stets dicht umlagert ist und größten Anklang findet. So ist es nicht verwunderlich, dass in den letzten Jahren ein ausgesprochener Trend zur Errichtung von Teichen und zur Haltung von Fischen festzustellen ist. Vor allem die Forellen, die im reinen Wasser gut zu beobachten sind und das angebotene Futter gierig nehmen, werden gerne gehalten. Damit wurde aber auch der Wunsch laut,

Traditionelle Forellenteichanlage mit Betonbecken für Setzlinge im Vordergrund

eine Anleitung zur Forellenhaltung in die Hand zu bekommen, um daraus lernen und diese Fische richtig betreuen zu können. Die bereits vorhandenen Bücher stammen – außer ein paar amerikanischen Neuerscheinungen, die aber wenig für unsere Verhältnisse passen – aus einer Zeit, in der die modernen Erkenntnisse, vor allem die der Fütterungslehre, noch nicht bekannt waren und deshalb auch nicht angeführt werden konnten.

Nachdem ich nun schon fast 40 Jahre in der Forellenzucht praktisch tätig bin und in meinem Schwiegervater, ÖR Karl Hinterer, einen Praktiker besonderen Formats als Lehrmeister hatte, es mir außerdem gegönnt war, enge Kontakte mit den österreichischen Fischereiinstituten zu pflegen, wurde mir nahegelegt, meine Erfahrungen und Kenntnisse in einem Buch festzuhalten und sie damit einem größeren Kreis von Interessenten zugänglich zu machen. Immer wieder und sehr zahlreich einlaufende Anfragen ließen den Entschluss reifen, endlich an diese Arbeit zu gehen. So ist dieses Buch entstanden.

Es soll kein Lehrbuch sein, in dem ein genaues Rezept für die Aufzucht von Forellen gegeben und in dem die Theorie der Forellenzucht behandelt wird, vielmehr soll hier der Praktiker zu Wort kommen, der die Erkenntnisse und Errungenschaften der Wissenschaft in seinem Betrieb zu erproben und anzuwenden versucht.

Ich halte es für meine Pflicht, allen jenen herzlich zu danken, die mich mit der Theorie bekannt gemacht und sie mir vermittelt haben. In den mit dem Institut für Wasserbiologie und Fischereiwirtschaft der Hochschule für Bodenkultur durch viele Jahre hindurch veranstalteten Fütterungsversuchen konnte ich wertvolle Erfahrungen sammeln. Mein besonderer Dank gilt darum Herrn Hofrat Professor Dr. R. Liepold, dem langjährigen Freund unserer Familie. Aber auch den Herren des Bundesinstituts für Gewässerforschung und Fischereiwirtschaft in Scharfling am Mondsee sei herzlich Dank gesagt für die vielen Anregungen und für alles, was dort im Sinne der Forellenzucht erforscht und an die Praxis weitergegeben wurde. Hier hat sich in besonderem Maße erwiesen, dass richtige und gute Zusammenarbeit zwischen Wissenschaft und Praxis von ausschlaggebender Bedeutung für die Entwicklung eines Wirtschaftszweiges ist.

Graz, Dezember 1969,
Kurt Igler

VORWORT ZUR 5. AUFLAGE

Mit einem neuen Äußeren und ausgestattet mit vielen neuen Farbfotos, in einigen Abschnitten aber auch ergänzt und aktualisiert, erscheint nun die 5. Auflage meines Buches über Forellenzucht. 1969 herausgekommen, scheint es in einigen Dingen überholt zu sein, doch dokumentiert es gerade dadurch die Geschichte bzw. die Entwicklung der Forellenzucht in Österreich. Erfahrene Züchter oder Betriebsleiter werden dem Buch kaum etwas entnehmen können, was ihnen nicht bekannt wäre, denn die Technik bringt auch auf dem Gebiet der Forellenzucht kaum mehr viel Neues hervor. Nach wie vor will aber dieses Buch alle diejenigen ansprechen und ihnen eine Hilfestellung geben, die in erster Linie als Hobbyzüchter an der Aufzucht der munteren Forellen Freude haben.

Niederschöckl, im Juli 1995,
Kurt Igler

VORWORT ZUR 6. AUFLAGE

Da mein Vater nun bereits im 94. Lebensjahr steht und sich aus gesundheitlichen wie auch aus altersbedingten Gründen seit einiger Zeit nicht mehr mit der Forellenzucht beschäftigt, hat er mir die Überarbeitung seines Buches überlassen.

Ich bin Fischereimeister und habe auch Biologie studiert. Ich bewirtschafte die Fischzucht des Landesfischereiverbandes der Steiermark, die ich seit 1985 gepachtet habe. Wenngleich ich meine Biologiekenntnisse miteinfließen ließ, war ich bei der Überarbeitung des Buches sehr darauf bedacht, den Charakter des Buches nicht zu verändern und es als ein Buch für Anfänger und Laien in der Forellenzucht zu belassen.

Frau Dr. Elisabeth Licek von der Universität für Veterinärmedizin in Wien danke ich für deren Mitarbeit im Kapitel Fischkrankheiten, wo sich vor allem im Bereich der Behandlungsmöglichkeiten viel geändert hat.

Niederschöckl, im April 2004,
Mag. Helga Bültermann-Igler

VORWORT ZUR 8. AUFLAGE

Dieses Buch ist in seiner Grundfassung 2019 bereits 50 Jahre alt und weiterhin gedacht als Buch für Hobbyzüchter.

Als mein Vater 1995 im Vorwort für die 5. Auflage schrieb, dass die Technik in der Forellenzucht kaum mehr Neues bringt, hat es für diesen Zeitpunkt natürlich gestimmt. 23 Jahre später muss ich einräumen, dass sich in den letzten Jahren in Bezug auf die Technik extrem viel getan hat. In manchen Ländern (z. B. in Dänemark) werden nur mehr Kreislauf- bzw. Teilkreislaufanlagen genehmigt. Ich werde diese Technik aber nicht genauer in diesem Buch beschreiben, da ich weder genaue Kenntnisse noch Erfahrung damit habe. Für Hobbyzüchter ist diese Technik auch viel zu teuer und es gibt nur wenige Kreislaufbetriebe, die tatsächlich rentabel geführt werden.

Niederschöckl, im Herbst 2018,
Mag. Helga Bültermann-Igler

Anatomie der Forelle

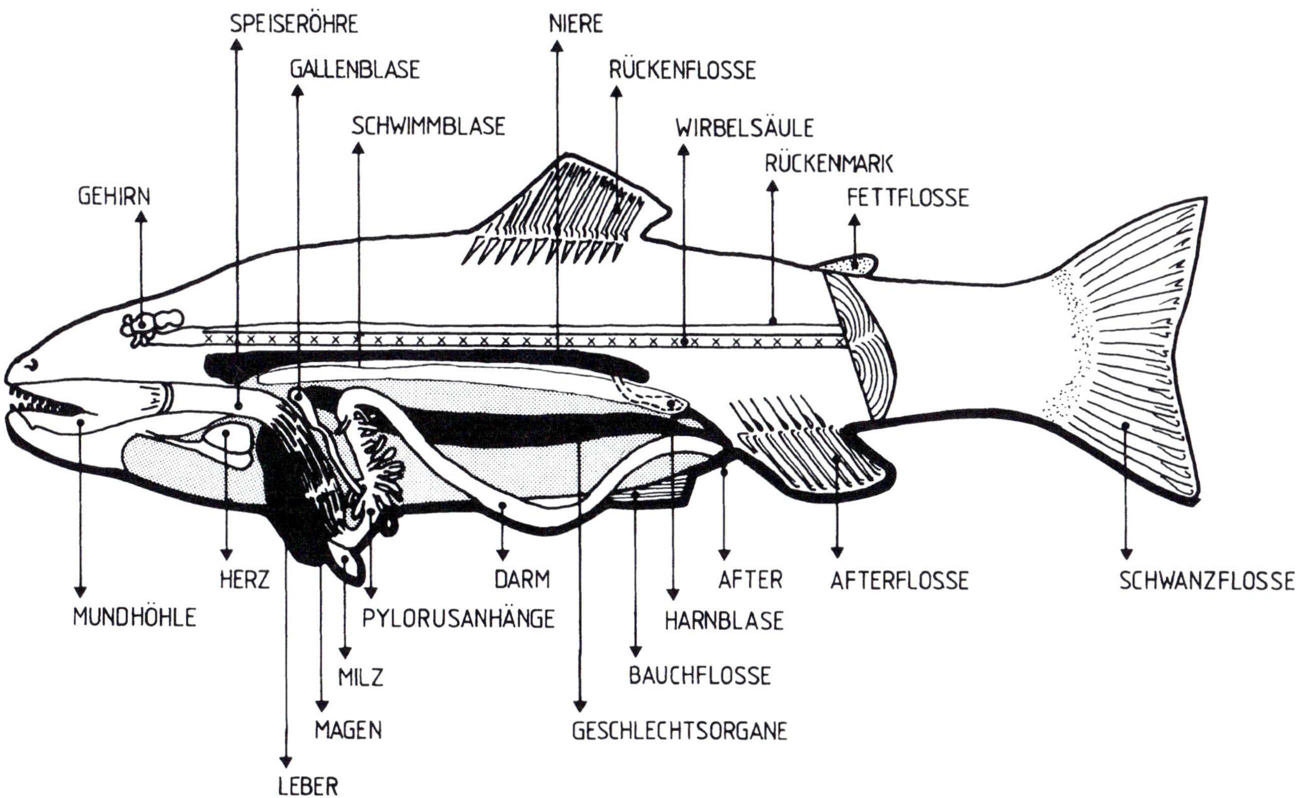

DER FISCH

GEMEINSAMES MERKMAL DER SALMONIDEN: DIE FETTFLOSSE

Die Salmoniden oder Lachsartigen tragen ihren Namen nach dem bekannten, durch seine Schwimm- und Springleistung berühmten Vertreter dieser Familie, dem Lachs (*Salmo salar* L.). Sie haben als gemeinsames äußeres Merkmal eine kleine Flosse, die so genannte Fettflosse, die bindegewebig und strahlenlos zwischen der Rückenflosse und der Schwanzflosse sitzt. Ihnen allen ist die Vorliebe für klares, sauerstoffreiches Wasser gemeinsam, mögen sie in Quell- und Gebirgsflüssen oder in Seen leben. Sie laichen alle auf dem Kies und ihre Paarung und Eiablage hat sehr früh das Interesse der Menschen erregt und auch dazu geführt, dass man gerade an ihnen versucht hat, die ungeheure Verschwendung an Laich in der Natur zu verringern und so den Bestand dieser wertvollen, wegen ihrer besonderen Fleischqualität geschätzten Fische zu vermehren. Die Salmoniden werden auch Edelfische genannt und unter dieser Bezeichnung zusammengefasst. Aber nicht nur die Fleischqualität allein hat ihnen diese Wertschätzung eingebracht, sondern auch die Tatsache, dass ihr Fleisch frei von echten, gespaltenen Gräten ist, und die Edelfische, wenn man das zusammenhängende Skelett und die Flossenstrahlenträger entfernt, unbehindert und sorglos verzehrt werden können.

Mit dem Versuch, den im Freiwasser oft nahezu hundertprozentigen Verlust an befruchtungsfähigen oder gar schon befruchteten Eiern zu verringern, wurde die Zucht bzw. künstliche Vermehrung der Salmoniden, und damit auch der Forellen, geboren. Heute werden die Salmoniden schon auf der ganzen Welt gezüchtet und diese Zucht stellt bereits einen bedeutenden wirtschaftlichen Faktor dar. Diese Entwicklung wird noch gefördert durch die Einengung des Lebensraumes der Salmoniden und durch die Verunreinigung und Verbauung vieler natürlicher Gewässer.

Gewisse Arten haben die gute Eigenschaft, neben der im Wasser vorhandenen natürlichen Nahrung noch vom Menschen dargebotene Fertigfutter anzunehmen, was in besonderer Weise dazu beigetragen hat, Forellen und Forellenartige in künstlichen Becken und Wasseransammlungen zu ziehen.

Im Folgenden sollen nun die wichtigsten und für die künstliche Vermehrung geeignetsten Salmoniden angeführt, charakterisiert und beschrieben werden.

DIE BACHFORELLE

Allen voran steht unsere heimische Bachforelle (*Salmo trutta f. fario* L.), die Rotgepunktete. Wie fast alle Salmoniden hat sie an verschiedenen Standorten und in den einzelnen Gewässern Standortrassen ausgebildet, die sich voneinander oft recht ausgeprägt, vor allem im Farbkleid und in der Punktierung, unterscheiden. Nicht nur die Gestalt der schwarzen und roten Punkte ist vielfältiger Art, sondern auch ihre Verteilung über den Körper hin.

Der Lebensraum und der spezielle Aufenthaltsort einer Bachforelle beeinflussen wesentlich Zeichnung und Färbung ihres Kleides. Grauer Feinsand am Bach- oder Flussgrund bringt ein silbriges, von wenigen und kleinen Punkten unterbrochenes Aussehen hervor, während ein mit braunen Algen bedeckter Steingrund eine Gelbfärbung des Bauches und eine starke Rotpunktierung der Flanken sowie der Schwanz- und Fettflosse bedingt. Da sich der Gewässercharakter im Laufe der Zeit kaum ändert, haben sich vielerorts Standortrassen mit ganz bestimmten Merkmalen herausgebildet. Durch den Besatz der Gewässer mit Besatzforellen verschiedener Herkunft wurden und werden viele Rassen vermischt. Dadurch wurden aber auch gewässerspezifische Merkmale abgeschwächt, sodass eine gewisse Vereinheitlichung des Aussehens erfolgte.

Bei Versetzung in einen anderen Lebensraum kann sich aber das äußere Erschei-

Bachforellen mit unterschiedlicher Zeichnung

Schöne Bachforelle

nungsbild, die Größe, die Verteilung und die Intensität der roten und schwarzen Punkte, Gelb- oder Silberfärbung, sehr bald und wesentlich ändern.

Gegenüberstellung Bachforelle – andere Salmoniden

Die Bachforellen werden weniger für den Konsum als für den Besatz der natürlichen Gewässer gezogen, da sie wesentlich standorttreuer als die Regenbogenforellen sind. Sie verlangen eine möglichst naturnahe Aufzucht, nehmen künstliche Nahrung nur nach frühzeitiger Gewöhnung an und sind in vielem schwieriger zu behandeln als ihre aus Amerika kommenden Verwandten, die Regenbogenforelle und der Bachsaibling. Die Bachforelle ist in den ersten beiden Lebensjahren von langsamerem Wachstum als die Regenbogenforelle. Sie ist aber dafür widerstandsfähiger gegen viele Krankheiten. Die Aufzucht vom einjährigen zum zweijährigen Besatzfisch gelingt ziemlich problemlos, doch sind es nur wenige, die auch Erfolg bei der Zucht von einjährigen Bachforellen aus Brütlingen haben.

Durch den enormen Druck der geschützten Prädatoren (Fischotter, Reiher, Schwarzstorch und Kormoran) auf die Gewässer, in Zusammenhang mit Lebensraum-Einschränkungen durch Kraftwerke und Verbauungen, sind viele Gewässer beinahe fischfrei. Etliche Gewässer sind nicht mehr verpachtbar. Der Absatz der Bachforelle als Bachbesatz (2004 noch zu 95 %) hat sich massiv auf ca. 40 % unserer Produktion reduziert.

Wir mussten unseren Absatz umstellen und auch die Bachforellen als Speisefische bewerben. Da die Konsumenten in den letzten Jahren flexibler geworden sind und auch Wert auf regionale Produkte legen, sind viele bereit, auch den etwas höheren Preis für Bachforellen zu bezahlen.

DIE REGENBOGENFORELLE

Die Regenbogenforelle (*Oncorhynchus mykiss*, früher *Salmo gairdneri*) verdankt ihren Namen dem violett bis rot gefärbten Streifen, der sich vom Kiemendeckel an über die ganze Seite des Fisches bis zum Schwanz hinzieht. Er ist bei älteren männlichen Tieren in der Laichzeit besonders ausgeprägt und von satter Farbe. Auch die Weibchen tragen ein recht schönes Farbkleid, während sterile Fische, die trotz entsprechenden Alters keine Nachzuchtprodukte entwickeln, meist nur silbrig sind

Regenbogenforelle

und dadurch schon äußerlich als unfruchtbar erkannt werden können. Dies gilt natürlich auch für die Bachforelle.

Die schwarzen Punkte verteilen sich über den ganzen Körper, doch gibt es auch Stämme, bei denen die Schwarzpunktierung nahezu fehlt.

Es gibt bereits Regenbogenforellen, denen, wahrscheinlich durch Mutation, das schwarze Pigment völlig fehlt und die deshalb als Albinos bezeichnet werden. Ihre Farbe ist ein helles, oft ins Grünliche gehendes Gelb, das aber auch in den Bereich des Orangegelb reichen kann. Sie werden als Goldforellen gehandelt und sind bei Hobbyzüchtern wegen ihres auffallenden Erscheinungsbildes recht beliebt. Wie bei allen anderen Regenbogenforellen ist bei älteren Individuen der Regenbogenstreifen an der Seitenlinie rot gefärbt.

Die Heimat der Regenbogenforelle, vielfach auch nur Regenbogen genannt, liegt im Westen Nordamerikas, von wo sie einen Siegeszug über die ganze Welt angetreten hat, der auf ihre besondere Anpassungsfähigkeit zurückzuführen ist. Sie ist – anders als die Bachforelle – wenig wählerisch bei der Auswahl ihrer Nahrung. Sie sucht nach ihr und ist deshalb nicht so sehr an einen Standort im Gewässer gebunden. Sie findet sich auch mit schlechterer Wasserqualität ab als andere Salmoniden und kommt daher auch noch in recht verschmutzten Gewässern vor. Hohen Temperaturen hält sie lange stand, sie hat erwiesenermaßen – allerdings in Ruhestellung – schon 27 °C überlebt.

Die Möglichkeit, Regenbogenforellen dicht gedrängt auf engstem Raum zu halten, hat ebenfalls zu ihrer weltweiten Verbreitung beigetragen, aber, wie bei jeder übertriebenen Monokultur, leider auch dazu geführt, dass dadurch neue Krankheiten aufgetreten sind und wahrscheinlich immer wieder auftreten werden, die auch andere Salmoniden betreffen können. Trotzdem hat diese Forellenart eine besondere Bedeutung als Speisefisch erlangt und sie wird auch als solcher auf allen Märkten weltweit angeboten.

Veränderliche Laichzeit der Regenbogenforelle

Die Laichzeit der Regenbogen ist erstaunlich variabel, wobei die Umweltverhältnisse erwiesenermaßen großen Einfluss auf den Eintritt der Laichreife haben. Ob diese Eigenschaft auf die oftmalige und weitgehende Kreuzung aller Rassen oder auf andere Umstände zurückzuführen ist, wird kaum mehr nachzuweisen sein. Jedenfalls gibt es Regenbogenstämme, die schon sehr früh im Herbst, aber auch erst sehr spät im Frühjahr, ja sogar erst im Sommer laichreif werden. Dass diese Stämme in anderer Umwelt und im Freiwasser die Eigenschaft des Früh- und Spätlaichens beibehalten, wird vielfach beobachtet.

In großen, rein auf die Erbrütung spezialisierten Forellenzuchten wird die Laichzeit auch künstlich manipuliert. Wenn man die Zuchtforellen unter 24 Stunden Dauerlicht setzt, sind sie nach ca. 3 Monaten laichreif. Dadurch kann man nun auch im Sommer Eier erhalten, was ein ständiges Anbieten von 250 bis 300 g schweren Forellen wesentlich erleichtert.

Während es bei Bachforellen und Bachsaiblingen kaum einmal vorkommt, dass der Laich nicht abgesetzt wird, kommt dies bei der Regenbogenforelle öfter vor, wobei die im Fisch verbliebenen, nicht abgelegten Eier auch bis zur nächsten Laichzeit in der Leibeshöhle bleiben. Sie sind aber natürlich nicht mehr befruchtungsfähig.

DER BACHSAIBLING

Der im Norden Amerikas vorkommende Bachsaibling (*Salvelinus fontinalis*) hat ebenfalls große Verbreitung in anderen Erdteilen gefunden, doch lange nicht in dem Maße wie die Regenbogenforelle.

Er liebt besonders klares und kaltes Wasser und zieht, wo es ihm möglich ist, in die Quellregionen der Bäche und Flüsse hinauf, um sich dort auf natürlichem Wege reich zu vermehren. Da die Quellgebiete meist nahrungsarm sind, kommt es durch die starke Vermehrung bald zur Überbevölkerung. Die einzelnen Individuen bleiben dann klein und sind dann oft zur Zeit der Laichreife im dritten Lebensjahr erst 12 bis 15 cm lang. Allerdings vermag der Bachsaibling, in andere Umweltverhältnisse gebracht, rasch an Gewicht und Größe zuzunehmen. Es ist ein für Fische ganz allgemein geltendes Phänomen, das bei höheren Tieren unbekannt ist, dass nach einem durch mangelhafte Ernährung bedingten Wachstumsstillstand, der auch Jahre andauern kann, bei guten Nahrungsverhältnissen plötzlich ein neuerliches, oft sehr intensives Wachstum eintreten kann. Nach Eintritt der Geschlechtsreife ist in nahrungsarmen Gewässern eine schlechte Wachstumsleistung die Regel.

Der Bachsaibling ist ein gieriger Räuber und geht gerne und wild an die Angel. Er

Bröding oder Elsässersaibling

Bachsaibling

ist nicht schnell vergrämt und wird schon aus diesem Grund in manchem Gewässer gerne gesehen und eingesetzt. Wenn er auch für einzelne Krankheiten recht anfällig ist, wird er doch in vielen Anstalten ohne größere Schwierigkeiten für den Gewässerbesatz gezogen.

Unterschied zwischen Bach- und Seesaibling

Der Bachsaibling ähnelt in Farbe und Gestalt seinem nahen Verwandten, dem Seesaibling (*Salvelinus umbla* L.), und wird mit diesem oft verwechselt.

Vor allem die Rotfärbung des Bauches und der Flossen führt dazu, doch sind die braungrüne Marmorierung des Rückens und die blaue Einfassung der roten Punkte ein eindeutiges Kennzeichen des Bachsaiblings. Der Seesaibling kann auch an künstliche Nahrung gewöhnt und in Fischzuchten gezogen werden, was aber wegen seines meist geringen Wachstums selten der Fall ist.

BASTARDIERUNGEN

Da die Laichzeit des Bachsaiblings mit jener der Bachforelle zusammenfällt und auch der Seesaibling in den Herbstmonaten den Laich ablegt, kommt es leicht zu Bastardierungen. Der so genannte Tigerfisch, der keine Punkte hat und die Marmorierung in helleren Tönen auch an den Flanken trägt, ist der unfruchtbare Bastard von Bachforelle und Bachsaibling. Bastarde von Bach- und Seesaiblingen sind schnellwüchsig und tragen meist ein Kleid, das dem des Seesaiblings sehr ähnlich ist. Sie werden als **Bröding** oder **Elsässersaiblinge** bezeichnet und werden wegen ihres besseren Wachstums, ihrer geringeren Anfälligkeit für Pilzerkrankungen und nicht zuletzt wegen nicht vorhandener oder später einsetzender Laichreife gern für die Aufzucht von Speisesaiblingen genommen. Eine Bastardierung von Regenbogen- und Bachforelle ist schwer möglich und mir auch noch nicht geglückt. Wegen der überaus hohen Verluste bei der Erbrütung ist sie auch unwirtschaftlich.

Neben den bereits angeführten Arten werden vereinzelt und in beschränkten Mengen auch noch andere Salmoniden mit Erfolg in Zuchtanstalten, vor allem in größeren Naturteichen, gezogen.

ANDERE SALMONIDEN: HUCHEN, MARÄNEN, ÄSCHEN

Der Huchen (*Hucho hucho*) hat als Großsalmonide für den Besatz größerer Fließgewässer Bedeutung. Seine Heimat sind die asiatischen und euroasiatischen Flüsse der nördlichen Gebiete sowie die Donau. Bis zu einer Größe von ca. 12 cm kommt der Junghuchen mit Planktonnahrung oder auch Kunstfutter aus, zum weiteren Heranwachsen braucht er kleine lebende Fische, die nur sehr schwer zu beschaffen sind. Neuerdings ist es in mehrfachen Versuchen geglückt, Huchenbrütlinge und -setzlinge an das Kunstfutter zu gewöhnen und bis zum zweisömmrigen Fisch aufzuziehen.

Die Maränen (*Coregonus lavaretus* L.), deren Heimat die Seen Norddeutschlands sind, haben sich als Nebenfische zum Karpfenbesatz in großen Naturteichen bewährt, sich aber auch in einzelnen Seen des Alpenvorlandes einbürgern lassen, wo sie schöne Erträge liefern. Sie sind bestens geeignet, das Plankton (Naturnahrung) in großen Teichen zu verwerten.

Endlich wird auch die Äsche (*Thymallus thymallus*) für den Fließgewässerbesatz vermehrt und gewöhnlich bis zum einsömmrigen Setzling gezogen, als welcher sie ebenfalls dem Besatz freier Gewässer dient. Sie nimmt neben natürlicher Nahrung auch fein gekörntes Trockenfutter an. Mit einiger Mühe und Erfahrung gelingt es auch, zweisömmrige Äschen zu ziehen. Leider ist es meines Wissens nach noch nicht gelungen, in Teichen oder Fließkanälen Äschen bis zur Laichreife großzuziehen, weshalb man zur Vermehrung dieser Art noch immer auf den Fang laichreifer Mutterfische aus den freien Gewässern angewiesen ist.

Durch die vielen Fischfresser sind diese Gewässer leider beinahe leergefischt. Es stehen daher kaum mehr Äschen zum Ablaichen zur Verfügung. Ein oberösterreichischer Kollege hatte einige Zeit sogar versucht, seine Mutteräschen durch Überspannen eines ganzen Kilometers der Vöckla zu schützen. Nach Auftreten des Fischotters hat er aufgegeben. Leider wird damit auch wieder sein Wissen über die Aufzucht von Äschen verschwinden.

DAS WASSER

EIGENSCHAFTEN DES WASSERS

Wer Salmoniden ziehen will, muss sich vor allem mit dem Lebenselement dieser Fische, dem Wasser und seinen Eigenschaften, vertraut machen. Er soll nicht nur wissen, wie sich das Wasser bei ganz bestimmten Voraussetzungen verhält, sondern auch, dass nicht jedes Wasser für die Aufzucht von Salmoniden gleich gut geeignet ist. Ein hoher oder niedriger pH-Wert, ein schlechtes Säurebindungsvermögen, ein höherer Gehalt an Metallen und im Wasser vorhandene Gase können bei der Eierbrütung und Brütlingsaufzucht zu großen Schwierigkeiten und Misserfolgen führen. Es ist dringend zu raten, vor allem vor Errichtung eines Bruthauses mit teuren Inneneinrichtungen, das vorhandene Wasser sorgfältig untersuchen und von einem Fachmann beurteilen zu lassen, um nicht nach Einsatz hoher Investitionsbeträge vor der Tatsache zu stehen, dass das Wasser kaum verwendbar ist. Insbesondere für eine künstliche Aufwärmung zur Erzielung optimaler Entwicklungs- und Wachstumsleistungen wird sich nicht jedes Wasser als geeignet erweisen.

Wir wissen noch von der Schule her, dass Wasser bei 0 °C friert, und wohl auch, dass es bei 4 °C seine größte Dichte, d. h. sein größtes spezifisches Gewicht, erreicht. Daraus sind einige wichtige Erkenntnisse abzuleiten, die für die Fischzucht von Interesse sind: Stehendes oder langsam fließendes Wasser friert von der Oberflä-

Wasserradbelüfter im Einsatz am Naturteich

che her. Das Oberflächeneis wirkt isolierend und schützt das darunter befindliche Wasser vor der direkten Berührung mit der kalten Luft. Die weitere Abkühlung geht demnach nur langsam vor sich. Bei tiefen, reinen Gewässern behält die Bodenschicht eine Temperatur von 4 °C und bietet den Fischen dadurch gute Lebensbedingungen. Ganz anders verhält sich rasch fließendes Wasser. Es kommt stürzend, fallend und wirbelnd immer wieder mit der winterlichen Kaltluft in Verbindung und kühlt sich daher schnell auf den Gefrierpunkt ab. Damit beginnt die Bildung von Grundeis, das sich am Bachgrund ansetzt und schnell hochwächst. Das führt bei anhaltender Kälte so weit, dass das Gewässer aus den Ufern tritt, weil hohe Eisbarrieren den Abfluss des noch vorhandenen Wassers verhindern. Solche Gewässer sind als Wasserspender für Teichanlagen immer gefährlich. Das nullgradige Wasser vereist jeden Rechen und jede Abgitterung, ja sogar die Schützen, die das Wasser in schmalem Spalt passieren muss, in kurzer Frist bis zur völligen Undurchlässigkeit. Vor allem kanalartige Gerinne, deren Sohlen gepflastert sind, neigen zur vollständigen Vereisung und sind deshalb für die Speisung von Teichanlagen unbrauchbar. Höheres Aufstauen eines zur Grundeisbildung neigenden Baches kann Abhilfe schaffen und die Wasserentnahme möglich machen.

Teiche beziehungsweise Mastanlagen in Gebieten mit sehr langen und kalten Wintern sollte man nur nach eingehender Überprüfung der Wassertemperatur (Jahrestemperaturmessung!) bauen.

Ich kenne eine Anlage, in die von einem unerfahrenen Investor viel Geld investiert wurde. Sie liegt an einem wunderschönen Gebirgsbach, der oft schon im Oktober nur mehr 4 °C kaltes Wasser führt. Dezember bis Februar liegt die Wassertemperatur nur knapp über 0 °C. Danach kommt die Schneeschmelze auch nicht viel wärmer. Dann Gewitter = Hochwasser und Trübung. Gutes Wachstum findet somit nur im August und vielleicht noch im September statt. Eine solche Anlage ist nicht rentabel zu führen!

Auch die hochsommerlichen Temperaturen eines Gewässers sind zu beachten. Steigen sie über 18 °C an, kann es durch die in den Teichen noch höher steigenden Temperaturen, besonders bei starkem Besatz, zu einem Sauerstoffdefizit kommen, das den vollständigen Verlust des Fischbestandes zur Folge haben kann. Für eine gute Zuwachsleistung der Forellen liegt die optimale Wassertemperatur zwischen 12 und 16 °C.

SAUERSTOFFGEHALT DES WASSERS

Wasser vermag Sauerstoff aus der Luft aufzunehmen und zu lösen. Diesen Sauerstoff atmet der Fisch. Forellen und Forellenartige haben einen großen Sauerstoffbedarf und stellen somit auch hohe Anforderungen an den Sauerstoffgehalt des Wassers. Kaltes Wasser vermag viel Sauerstoff zu binden, gibt ihn jedoch bei Erwärmung wieder ab. Der Fisch aber verbraucht bei ansteigenden Temperaturen mehr Sauerstoff, da seine Lebensvorgänge rascher und intensiver ablaufen und seine

Gerät zur Einbringung von reinem Sauerstoff

Schaufelradbelüfter

Der Tauchpilz arbeitet als Wasserwerfer.

Lebendigkeit zunimmt. Beide Faktoren wirken gegeneinander. Dem steigenden Verbrauch an Sauerstoff steht ein geringeres Bindungsvermögen des Wassers gegenüber, was zu plötzlich auftretendem Sauerstoffmangel führen kann. In freien, rasch fließenden Gewässern und bei normalen Temperaturverhältnissen, wie wir sie im Gebirge vorfinden, ist die Sauerstoffversorgung durch die ständige Belüftung des Wassers optimal und der Sättigungsgrad wird normalerweise erreicht. In Teichen kann man durch Einblasen von Luft oder Sauerstoff oder Hochwerfen des Wassers einen hohen Sättigungsgrad erreichen und damit nicht nur den Fischbestand in ihnen erhöhen, sondern auch dessen Sauerstoffbedarf sicherstellen, sollte das Zuflusswasser einmal kurzzeitig ausbleiben. Als Luftspender eignen sich Gebläse besser als Kompressoren, weil sie einen geringeren Energiebedarf haben. Derzeit werden meist die viel wirksameren Wasserwerfer oder Wasserräder zur Teich- oder Fließkanalbelüftung eingesetzt.

In letzter Zeit wird in großen Fischzuchten zur direkten Sauerstoffbelüftung übergegangen. Sie ist aber nur für große Anlagen (hohe Investitionskosten) mit relativ starkem Durchfluss geeignet. Bei zu geringem Durchfluss kommt es zu einer Anreicherung von Schadstoffen, die die Fische schleichend, aber nachhaltig schädigen können. Die Produktion kann mit Sauerstoffbelüftung beinahe verdoppelt werden. Eine Alarmanlage und ein Notstromaggregat für eventuelle Stromausfälle sind in diesem Fall unerlässlich.

Die Verwendung von Gebläsen setzt voraus, dass die Ausströmer in allen Teichen gleich tief hängen, damit bei allen gleich-

Die Rohrpumpe ist für kleine Teiche die billigste Lösung.

mäßige Druckverhältnisse herrschen. Der von Gebläsen erzeugte Luftdruck ist gering und tiefer hängende Ausströmer hören auf, Luft zu spenden.

Gebläse, die der Größe des Teiches entsprechend ausgelegt sind, sowie leicht durchlässige Ausströmer werden von deutschen Firmen angeboten, die auch die nötigen Unterlagen liefern, um die Wasserbelüftungsanlagen fachgerecht installieren zu können.

Wasserwerfer werden von verschiedenen Firmen erzeugt. Sie eignen sich gut für größere Einzelteiche.

Die mit einem Rotor (Propeller) arbeitenden Wasserwerfer haben den Nachteil, dass sich das Schutzgitter, das den Rotor schützen soll, häufig mit Algen und Pflanzenteilen verlegt, sodass das Gerät nicht mehr wirkungsvoll arbeiten kann. Ein Gegenlauf bringt zwar schnell Abhilfe, allerdings meist nur für kurze Zeit. Es setzen sich aus diesem Grunde immer mehr die mit Schaufelrädern ausgestatteten Belüfter durch. Sie arbeiten auch noch in einem stark veralgten oder verkrauteten Teich einwandfrei. Eine gute Verankerung dieser Apparate an den Ufern ist natürlich notwendig, da sie nach Art eines Raddampfers dazu neigen, sich fortzubewegen.

Eine starke Wasserverunreinigung durch faulende Stoffe kann eine Sauerstoffzehrung bewirken und den Sauerstoffgehalt im Wasser unter die Grenze absinken lassen, die für Salmoniden lebensnotwendig ist (mindestens 4 bis 5 mg O_2/l Wasser). Wir müssen also an das Wasser, das Forellenteiche speisen soll, gewisse Anforderungen stellen. Von der Temperatur her habe ich sie angeführt, von der Forderung nach möglichst großer Reinheit ist noch zu sprechen.

ABWÄSSER

Sowohl wiederholt auftretende Wassertrübung durch Ufer- und Geländeabschwemmung als auch die Verunreinigung durch chemische und organische Substanzen gefährden den Fischbestand. Die oftmalige Wassertrübung verhindert eine regelmäßige Futteraufnahme, da die Fische die Nahrung nicht sehen und daher auch nicht aufnehmen können. Bei Brütlingen können die feinen Schwebstoffe im Wasser auch zur Kiemenschädigung führen. Fäkalabwässer, Abwässer aus Molkereien und Papierfabriken, um nur die wichtigsten zu nennen, belasten das Wasser mit organischen Substanzen, was zu starker Sauerstoffzehrung und zu erhöhter Algenbildung im Gewässer führt. Allzu starke Algenbildung vernichtet jedes andere Leben. Chemische Abwässer sind dann besonders gefährlich, wenn durch niedrige Wasserstände in den Gewässern deren Konzentration steigt und somit die Grenze überschritten wird, die für die Fische gerade noch erträglich ist. Besonders giftig sind Cyanverbindungen, die schon oft die Ursache für Fischsterben waren. Ihre Konzentration darf hundertstel Prozentsätze nicht übersteigen. Besonders betont muss auch noch werden, dass Jauche, Siloabwässer und Pflanzenspritzmittel ein Gewässer sehr schnell vergiften und ebenfalls häufig Ursache eines Fischsterbens sind.

Es muss demnach abgeraten werden, Teichanlagen aus einem Gewässer zu versorgen, an dem größere Siedlungen oder gar Industriebetriebe liegen. Den Besitzern von landwirtschaftlichen Betrieben, die entlang des Wassers gelegen sind, muss die Gefährlichkeit von Jauche und Spritzmitteln für den Fischbestand erklärt und der Umfang des Schadens im Falle einer Vergiftung bewusst gemacht werden.

GRUND- UND QUELLWASSER

Es liegt auf der Hand, dass Quell- und Grundwasser, was aufgrund der ähnlichen Eigenschaften praktisch dasselbe ist, den Anforderungen für die Speisung von Forellenteichen am besten gerecht werden. Sie sind nicht nur von gleichbleibender Reinheit, sondern entsprechen auch in Hinsicht auf die Temperatur am besten. Die Quelltemperaturen liegen meist zwischen 6 und 8 °C, doch sind auch eine Reihe von Quellvorkommen mit einer Temperatur von 10 °C bekannt. Für die Wasserversorgung von Bruthäusern kommt wohl nur Quellwasser in Frage, das auch, wie eingangs dieses Kapitels erwähnt, von besonderer Qualität sein muss. Die meisten Forellenzuchtbetriebe sind an Geländestufen mit starken Grundwasseraustritten entstanden, weil sie die ergiebigsten Quellvorkommen sind.

WASSERMENGE

Die Wassermenge spielt in der modernen Forellenzucht eine ganz besondere Rolle. Die moderne Betriebsweise arbeitet mit viel Wasser, aber wenig Raum. Je stärker der Durchfluss, desto dichter der Besatz. Darauf wird im Kapitel über die Teiche noch näher eingegangen werden. Jedenfalls kann aber als Richtzahl festgehalten werden, dass in der Regel pro Liter Wasserzulauf je Sekunde 50 bis 75 kg Forellen (Endgewicht!) gehalten werden können. Dies entspricht einem Besatz von 200 bis 250 Stück/Liter Wasserzulauf/Sekunde. Temperatur und Sättigungsgrad des Zulaufwassers spielen dabei eine ausschlaggebende Rolle. Der Einfluss dieser Faktoren

Saibling beim Auskeschern aus dem Zugnetz

auf die Besatzziffern wurde im Bundesinstitut in Scharfling am Mondsee eingehend untersucht und diese Untersuchungen wurden in „Österreichs Fischerei" veröffentlicht. Mit Hilfe einer guten Belüftung des Teichwassers kann eine Erhöhung der Besatzdichte um etwa 50 Prozent erreicht werden. Die oben angeführte Besatzzahl kann in klimatisch extremen Lagen, bei zu hoch ansteigenden Wassertemperaturen oder in sehr großen Teichen mit besonders ausgedehnten Wasserflächen keine Anwendung finden.

Bei der Planung einer Teichanlage wird man also die Wasserverhältnisse eingehend prüfen müssen und festzustellen haben, ob:

1. die Temperaturverhältnisse entsprechen,
2. die Reinheit des Wassers genügt, also weder mit oftmaliger Trübung noch mit einer Verschmutzung durch Abwasser zu rechnen ist, und
3. die vorhandene Wassermenge und ihre Qualität auch eine wirtschaftlich interessante Produktion zulässt, sodass sich die Kosten für die Anlage amortisieren.

Da die Forellenzucht so weitgehend von den Wasserverhältnissen abhängt, sind ihrer Ausweitung Grenzen gesetzt. Diese Abhängigkeit von einem geeigneten Wasservorkommen lässt eine uferlose Forellenproduktion nicht zu und schützt damit die Forellenerzeugung nicht nur vor übergroßer Ausweitung einzelner Betriebe, sondern auch vor zahllosen Neugründungen und somit also vor all den Nachteilen, die eine Überproduktion und ein Überangebot mit sich bringen.

Die zur Zeit in Mode kommenden Kreislauf- bzw. Teilkreislaufanlagen sind in Österreich für die Zucht von Salmoniden derzeit nicht gebräuchlich und es ist fraglich, ob sie für Hobbyzüchter je von Bedeutung sein werden.

In Österreich ist die Eigenversorgung mit Fischen derart niedrig, dass selbst der Neubau einiger großer Fischzuchten zu keiner Überproduktion führen würde. Die Preisgestaltung ist allerdings leider auch von den Importen abhängig.

RECHTLICHE GRUNDLAGEN DER WASSERBENÜTZUNG

Die Wasserentnahme aus einem öffentlichen Gewässer und die Errichtung von Teichen bedürfen einer Genehmigung durch die Bezirkshauptmannschaft als der zuständigen Wasserrechtsbehörde. Es ist in jedem Fall empfehlenswert, auch dann, wenn eine am eigenen Grund entspringende Quelle genutzt werden soll, um die wasserrechtliche Bewilligung zur Errichtung und zum Betrieb der Teichanlage anzusuchen, um sich gegen spätere Einwände oder Eingriffe in das erworbene Recht abzusichern.

Aufgrund des Ansuchens, dem gleich die Pläne und die Baubeschreibung in fünffacher Ausfertigung beizulegen sind, schreibt die Bezirksverwaltungsbehörde eine wasserrechtliche Verhandlung aus. Zu dieser müssen sowohl alle Anrainer als auch die Inhaber bereits vorhandener Wassernutzungsrechte geladen werden. Diese sind auch der Behörde bekanntzumachen. Wassernutzungsrechte können sowohl Rechte zum Tränken von Vieh oder Schwemmen von Wäsche als auch zum Betrieb von Wasserkraftanlagen oder zum Wiesenbewässern sein. Auch der Fischereirechtsinhaber des Gewässers, aus dem das Wasser abgeleitet werden soll, ist zu laden. Alle diejenigen also, die von dem Vorhaben in irgendeiner Weise berührt werden. Ihnen muss Gelegenheit gegeben werden, Einsprüche gegen das Vorhaben zu äußern, Bedenken vorzubringen und Bedingungen zu stellen, die der Absicherung ihrer Interessen dienen. Bei strittigen Fragen wird die Beiziehung von Sachverständigen notwendig sein, um die Berechtigung der Einwände zu prüfen. Aufgrund des Verhandlungsergebnisses erlässt die Bezirkshauptmannschaft einen Bescheid, der alle Vorschreibungen enthält, die in technischer oder anderer Hinsicht beim Bau und Betrieb der Anlagen eingehalten werden müssen. Er regelt vor allem Dauer und Menge der Wassernutzung.

Fischerei- und Wasserrecht

Ich musste bei meiner Tätigkeit als Sachverständiger für das Fischereiwesen immer wieder feststellen, dass Fischerei- und Wasserrecht oft nicht richtig auseinandergehalten werden können. Darum seien mir einige Hinweise und Feststellungen bezüglich der beiden in eigenen Gesetzen behandelten Rechte gestattet.

Das Wasserrecht ist ein Bundesgesetz und hat deshalb in allen Bundesländern gleichermaßen Gültigkeit. Es regelt vor allem den Wasserbezug aus den Gewässern. Dieser kann über Antrag von den Wasserrechtsbehörden der einzelnen Instanzen (BH, Landesregierung, Bundesministerium) für den direkten Verbrauch als Trinkwasser, für Wasserkraftanlagen, für Fischzuchten und Teichanlagen u. Ä. erteilt werden. Mittels Bescheid spricht die Behörde dem Antragsteller für eine bestimmte Zeit den Wasserbezug in einer bestimmten Menge zu.

Oft ist mit dem Wasserbezug auch eine Ab- und Ausleitung aus dem Gewässerbett verbunden, die dann das Fischereirecht im betroffenen Gewässer beeinträchtigt. Bestimmte Paragraphen des Wasserrechtsgesetzes bieten der Fischerei in den freien Gewässern einen gewissen Schutz, wobei der Begriff „Fischerei" nicht nur die Fische, sondern auch andere Wassertiere, wie z. B. Krebse, aber auch Wasserpflanzen umfasst. Sie sehen eine Entschädigung des Fischereiberechtigten bei der Erteilung eines Wasserbezugsrechtes an einem Gewässer vor.

Das Fischereirecht ist das Recht, sich die in den freien Gewässern befindlichen Lebewesen anzueignen. Erst der gefangene Fisch geht in das Eigentum des Fischereiberechtigten über; vor dem Fang ist er herrenloses Gut. Der Fischbestand in den freien Gewässern gehört, im Gegensatz zu den entsprechend eingegrenzten Teichanlagen, niemandem. Der Fischereiberechtigte besitzt nur das Recht, sich aus diesem Bestand einzelne Tiere anzueignen. Einschränkend auf die Entnahme wirken die auf dem Verordnungsweg festgelegten Schonzeiten und Schonmaße.

Die Fischereigesetzgebung ist Landessache, weshalb sich die Fischereigesetze der einzelnen Bundesländer voneinander unterscheiden. Es gibt zwar Tendenzen zur Angleichung der Gesetze, doch geht dies nur sehr zögernd vor sich. Wo die Ländergrenzen von einem Bach oder Fluss gebildet werden, wäre sicherlich eine Angleichung besonders wünschenswert, da in diesem Fall die unterschiedliche Gesetzeslage an den gegenüberliegenden Ufern leicht zu ernsten Schwierigkeiten bei der Bewirtschaftung des Gewässers führen kann.

DER TEICH

Als Teich bezeichnet man eine künstliche Wasseransammlung, die mit einer geeigneten Ablassvorrichtung, welche an der tiefsten Stelle des Teiches angebracht werden soll, vollständig entleert werden kann. Ein völliges Auslaufen des Wassers erleichtert das Abfischen und alle teichpflegenden Maßnahmen. Durch die Ablassvorrichtung unterscheidet sich der Teich grundsätzlich von einem See oder einer Wasserlacke. Das Wort Weiher wird in Süddeutschland für das Wort Teich verwendet und ist deshalb für eine eindeutige Begriffsbestimmung nicht geeignet.

Gewöhnlich haben Teiche einen ständigen Wasserzulauf. Ist das nicht der Fall und wird der Teich nur von den Niederschlagswässern gespeist, so führt er den Namen „Himmelsteich“. Diese sind für das Halten von Forellen nicht geeignet.

KENNZEICHEN DER NATURTEICHE

Teiche können die verschiedensten Formen haben, besonders wenn sie durch Absperrung einer Talenge mittels eines Dammes entstanden sind oder auf diese Weise geschaffen werden sollen. Dann bestimmt selbstverständlich die Geländeform Umriss und Ausdehnung derselben.

Solche Teiche müssen als Naturteiche bezeichnet werden, da sie aufgrund der fehlenden Voraussetzungen zur Intensivhaltung von Forellen kaum geeignet sind.

Solange die Forellenzucht auf die Naturnahrung nicht verzichten konnte, da diese einerseits der Gesunderhaltung der Fische diente, andererseits künstliche Nahrung

Naturteichanlage

in nur ungenügender Menge zu beschaffen war, wurden auch die Forellenteiche als Naturteich angelegt und die Teichform spielte kaum eine Rolle. Sie ähnelte weitgehend der der Karpfenteiche. Um ein gutes Auslaufen zu erzielen, eine zu große Wassererwärmung im Sommer hintanzuhalten und ein Durchfrieren im Winter zu verhindern, mussten große Naturteiche entsprechend tief sein, vor allem, wenn sie zur Aufnahme von Forellen bestimmt waren.

FORMEN MODERNER FORELLENTEICHE

Die weitgehende Umstellung der Forellenzucht auf Intensivhaltung und die Verwendung von fabriksmäßig hergestellten Trockenfuttermitteln brachte eine einschneidende Wandlung in der Anlage von Forellenteichen mit sich. Schon die Aufzucht größerer Mengen von Speisefischen, wie sie z. B. in Dänemark durch Verfütterung von Seefischen möglich war, führte dazu, dass man für Forellen eigene Teiche in langer, schmaler Form baute, mit dem Wasserzulauf am oberen und dem Ablauf am unteren Ende. In ihnen war die Wasserversorgung die gleichmäßigste und beste. Darüber hinaus konnten eine Menge solcher Teiche in Reihen nebeneinander errichtet werden, was günstige Arbeits- und Betreuungsbedingungen schuf.

Die modernste Art des Forellenteiches ist der seichte, aber mit sehr viel Wasser versorgte Fließkanal mit völlig gleichmäßiger und verhältnismäßig starker Strömung, da der Wasserzu- und -ablauf über die ganze Breite desselben erfolgt. Reinigen schon die Forellen im erstbeschriebenen Forellenteich, der mit wenig Wasser auskommt, bei starker Besetzung den Teich weitgehend selbst, so tun sie dies im Fließkanal nahezu vollständig.

Traditionelle Forellenteichanlage

Natürlich findet man Forellenteiche und Fließkanäle in verschiedensten Ausführungen: tiefer und seichter, schmäler und breiter; denn das Gelände und die Wasserverhältnisse und natürlich auch noch andere Faktoren haben die Form bestimmt.

Teiche oder Fließkanäle?

Man wird sich nun fragen, welche Art der Fischhaltung die beste ist und ob der Teich- oder der Fließkanalanlage der Vorzug gegeben werden soll. Beide haben ihre Vor- und Nachteile. Außerdem werden das vorhandene Wasserangebot und die Raumfrage die Entscheidung beeinflussen. Bei hohem Wasserangebot wird man gewiss den Fließkanal bevorzugen. Infolge der guten Durchströmungsverhältnisse und der stetigen Wassererneuerung können in ihm die größten Forellenmengen auf engem Raum gehalten werden. Die Besatzdichte kann in ihm wesentlich höher sein als im Teich. Eine Belüftung des Wassers bei hohem Besatz ist in der Fließkanalanlage sicher am wirkungsvollsten zu erreichen und die dazu angebotenen Wasserwerfer bzw. der Eintrag von Reinsauerstoff erreichen bei sparsamer Anordnung die beste Wirkung. Allerdings haben solche Anlagen einen Nachteil: Krankheiten breiten sich sehr schnell über die gesamte Anlage aus und gefährden damit den ganzen Besatz. Der größte Nachteil einer Fließkanalanlage ist jedoch, dass es bei einem Ausbleiben des Wassers (z. B. durch Laub, das den Zufluss verlegt) oder Stromausfall und damit Ausfall der Belüftung sehr schnell zu einer Schwächung der Fische kommt. Diese werden beim Auslaufgitter angeschwemmt und der Wasserdurchlauf kommt damit vollständig zum Erliegen. Nur ein rasches Entfernen der Fische vom Auslaufgitter oder durch ein Durchtrennen desselben (der gesamte Besatz wird dann allerdings ausgespült) sind die Fische zu retten.

Steht mehr Raum für eine Anlage zur Verfügung und ist das Wasserangebot eher gering, so wird man Teiche errichten, in denen allerdings eine so intensive Fischhaltung wie im Kanal nicht möglich ist.

Große italienische Fließkanalanlage

Kleine Fließkanalanlage

Vorteilhaft wirkt sich bei parallel geschalteten Teichanlagen die Möglichkeit aus, dass bei sehr konsequenter Anwendung aller Hygienemaßnahmen der Ausbruch einer Krankheit auf einen Teil der Anlage eingeschränkt werden und eine Ansteckung des gesamten Forellenbestandes so verhindert werden kann. Bei hintereinander (seriell) geschalteten Teichanlagen

Fließkanalanlage mit befahrbaren Dämmen, Futterautomaten (grün) und Sauerstoffeintragsystem (blau)

entfällt dieser Vorteil. Schließlich wird eine Teichanlage auch dann vorteilhaft sein, wenn es gilt, mehrere Arten von Salmoniden aufzuziehen, wie z. B. Bachforellen und Saiblinge, und sie naturgerechter zu halten.

NEUANLAGEN: RICHTIGE BERATUNG UND AUSFÜHRUNG

Bei der Errichtung neuer Anlagen oder Teiche sollte man sich immer von einem Fachmann auf dem Gebiet der Fischzucht beraten lassen. Bausachverständige werden weder für die Anlage noch für die Einrichtung der Zu- und Abläufe Ratschläge erteilen können, weil sie mit den Bedürfnissen der Fischzucht und der Arbeitsweise in dieser nicht vertraut sind. Es wird gut sein, sich mit dem Bauausführenden einige Anlagen anzusehen, um sich so ein Bild machen zu können.

Es kann nicht eindringlich genug darauf hingewiesen werden, dass Teiche ein gleichmäßiges Gefälle zum Auslauf hin haben müssen. In Vertiefungen bleibt beim Ablassen Wasser stehen, in dem die Forellen zurückbleiben. Abgesehen davon, dass es eine schwere Arbeit ist, sie zu bergen und aus dem Teich zu tragen, kommt es dabei auch immer zu Verlusten, weil sich das seicht stehende Wasser in den Lachen schnell erwärmt, die Fische unruhig werden und in den Schlamm hinaus schwimmen und springen. Die Überwachung der Bauarbeiten ist im Hinblick auf diese Gefahr ganz besonders wichtig und notwendig.

Dass die Wasserverhältnisse, die finanziellen Möglichkeiten, das örtliche Klima und das Gelände bei den Überlegungen zur Errichtung der Teiche berücksichtigt werden müssen, ist klar.

Einbeziehung aller Faktoren in die Planung

Diese werden die Bewirtschaftungsform weitgehend bestimmen. Umgekehrt muss natürlich auch eine aus bestimmten Gründen erwünschte oder durch die Absatzverhältnisse gegebene Bewirtschaftungsweise bedacht und in die Überlegungen einbezogen werden. Für diejenigen, die mit der Forellenhaltung einem Hobby frönen und nur kleine Mengen ziehen, werden solche Überlegungen wenig Bedeutung haben. Man wird, wenn die Gefahr des Abfrierens besteht, den Teich nur den Sommer über bewirtschaften, wird nicht mit Absatzmöglichkeiten kalkulieren müssen und wird auch die Besatzdichte, weil bedeutungslos, nicht forcieren.

In fast allen Fällen ist aber doch ein Bestreben da, sich mit Hilfe des Teiches eine gewisse Einnahmequelle zu verschaffen, und damit sind wirtschaftliche Überlegungen bei der Planung anzustellen.

Beurteilung der Bodenverhältnisse

Im Abschnitt über das Wasser sind wir uns darüber klargeworden, welche Bedingungen an dieses gestellt werden müssen, wenn es sich für die Forellenhaltung eignen soll. In diesem Kapitel müssen wir uns damit befassen, inwieweit die Boden- und Geländeverhältnisse auf die Gestaltung der Anlage Einfluss nehmen.

Moorige und nasse Böden

Moorige und nasse Böden, auf denen heute meist Teiche errichtet werden, weil man mit diesen Flächen sonst nichts anzufangen weiß, eignen sich mit ihren mehr oder minder wasserführenden Schichten ganz gut für den Bau von Teichen.

Allerdings kann meist das billigste Verfahren zum Bau eines Teiches, der Einsatz einer Schubraupe, nicht angewandt werden. Nur ein womöglich auf Rosten fahrender Bagger wird in diesem Fall eingesetzt werden können. Unter Umständen müssen dann auch noch die Dämme durch Pilotierungen abgesichert werden, weil das nasse Material sehr leicht fließt oder rutscht.

Dem Nachteil der hohen Baukosten, die sich dadurch ergeben, steht wiederum der Vorteil gegenüber, dass ein Bagger die erwünschte schmale und lange Teichform schon deswegen herstellen wird, da die Reichweite seines Arms beschränkt ist.

Das Nebeneinander solcher Teiche, von denen ein jeder seinen eigenen Zu- und Abfluss hat, wird eine gute und sehr brauchbare Anlage ergeben. In diesem Zusammenhang muss gleich darauf hingewiesen werden, dass ein vielfach geübtes, weil oft durch Gelände- und Wasserverhältnisse günstig erscheinendes Hintereinanderschalten mehrerer Teiche, von denen der oberste die unteren mit Wasser versorgt, bei der Bewirtschaftung große Nachteile zeigt.

Nachteile der Hintereinanderschaltung:

1. Die Teiche können nur der Reihe nach, vom untersten zum obersten, abgefischt werden, auch wenn das Abflussrohr des einen nicht direkt in den anderen mündet, weil man sonst in Kauf nehmen muss, dass der beim Abfischen ausgeschwemmte Schlamm und Schmutz sich in den unterhalb liegenden Teichen sammelt und ablagert.
2. Eine im obersten Teich auftretende Krankheit wird immer auch auf die unteren übertragen.

Frisch gekalkter Teich mit Mönch

3. Die Reinigung der Teiche und ihre Desinfektion mit Ätzkalk ist nur nach Entleerung aller möglich. Die Fischbestände aller Teiche müssen demnach zur Vornahme dieser immer wieder nötigen Arbeiten übersetzt oder gar abgesetzt werden, was immer wieder große Schwierigkeiten macht und, weil plötzlich verkauft werden muss, auch zu finanziellen Verlusten führen kann. Auch ein geringes Wasservorkommen soll deshalb eher auf etwa drei nebeneinanderliegende Teiche aufgeteilt werden, als dass man es durch mehrere Teiche durchfließen lässt.
4. Lässt sich das Hintereinanderschalten der Teiche aus diversen Gründen nicht vermeiden, so sollte man durch Umgehungsgerinne oder Umgehungsrohrleitungen eine Möglichkeit zu einer getrennten Abfischung der Teiche schaffen.

Schotterböden

Schotterböden müssen vor Errichtung von Teichen durch Probegrabungen und Versickerungsproben auf den Grad ihrer Durchlässigkeit geprüft werden. Es ist schon öfter vorgekommen, dass das zur Verfügung stehende Wasser des Zuflusses so schnell im Boden verschwand, dass nicht einmal ein kleiner Teich ganz gefüllt werden konnte. Eine auf den ganzen Teichgrund aufgebrachte Lehmschicht ist aber oft ebenso kostspielig wie das Ausbetonieren von Fließgräben oder Rundteichen, die man unter diesen Verhältnissen wird errichten müssen. In den letzten Jahren hat es sich immer öfter bewährt, undichte Teiche mit Folie auszulegen. Auch ein Vlies, welches man allerdings mit Lehm oder Schotter beschweren muss, kann gute Dienste leisten. Auch in diesem Fall sind die Kosten erheblich.

Wer mit seinen Mitteln haushalten muss und eine Rentabilität seiner Anlage anstrebt, also will, dass sich die Herstellungskosten derselben in angemessener Zeit amortisieren, wird gut überlegen müssen, ob er unter ungünstigen Wasser-, Boden- und Geländeverhältnissen (sei auch nur einer dieser Faktoren nicht entsprechend) an die Errichtung einer Anlage gehen soll.

Billigste Art des Teichbaues

Die billigsten Teichbauten werden wohl die sein, die durch Absperrung einer Talenge und damit durch Überfluten einer größeren Geländefläche entstehen, vorausgesetzt, dass der dazu nötige Grund entweder von vornherein vorhanden ist oder billig gekauft werden kann. Kann das Dammschüttungsmaterial durch eine

Schub- oder Laderaupe seitlich, also nicht dem Talboden, entnommen werden, so ist dies sicher die billigste Art des Teichbaues. Dass eine sehr intensive Nutzung solcher Teiche nicht möglich ist, wurde schon gesagt. Doch ist auch zu bedenken, dass eine alle Möglichkeiten bis an ihre Grenzen ausnutzende Intensivkultur nur dann auch zum größten wirtschaftlichen Erfolg führt, wenn der Leiter des Betriebes sehr erfahren ist und alle dazu benötigten Fähigkeiten mitbringt.

Im Falle starker Regenfälle besteht bei solchen Teichen die Gefahr, dass der Mönch, die Abflussvorrichtung, die anfallenden Wassermassen nicht mehr zu fassen vermag. Es soll deshalb durch große abgegitterte Überlaufvorrichtungen oder durch die Errichtung eines Umlaufgrabens für solche Fälle Vorsorge getroffen werden. Eine Überflutung neugeschütteter und ungenügend bewachsener Dämme muss unbedingt verhindert werden, weil die Folge einer solchen Überflutung ein Dammbruch wäre.

EINRICHTUNG ALTER TEICHE UND FLUDER FÜR DIE FISCHZUCHT

Vielfach werden bereits vorhandene, lange Zeit nicht bewirtschaftete Teiche und Gräben sowie Fluder, die zu einem aufgelassenen Wasserkraftwerk gehören, für die Fischzucht eingerichtet.

Während es bei Fludern gewöhnlich genug sein wird, eine der Fischgröße entsprechende Abgitterung anzubringen, wobei die guten Wasserverhältnisse einen dichten Besatz zulassen werden, ist die Aktivierung alter Teiche mit bedeutend aufwändigeren Arbeiten verbunden.

Meist ist in den Jahren der Nichtbewirtschaftung eine starke Verschlammung, Verunkrautung und Verlandung eingetreten, sodass Bagger- oder Raupenarbeiten vonnöten sind, um die Fischproduktion aufnehmen zu können. Die Feststellung der Wasserverhältnisse und der klimatischen Bedingungen wird auch in diesem Fall unumgänglich sein, um die künftige Bewirtschaftungsform planen und die Rentabilität der vorzunehmenden Arbeiten abschätzen zu können. Vielfach werden auch die Ein- und Ausflussbauten zu erneuern oder zu modernisieren sein.

BEWIRTSCHAFTUNGSFORMEN

Wichtig ist die Frage, nach welchen Gesichtspunkten eine Anlage oder ein Einzelteich bewirtschaftet werden soll. Die Absatzmöglichkeiten für die einzelnen Produkte, die Klima- und Wasserverhältnisse sowie die äußere und innere Verkehrslage werden die Auswahl beeinflussen.

Mutterfischhaltung und Eiproduktion

Die Haltung von Mutterfischen und die damit verbundene Ei- und eventuell auch Brutproduktion wird dann in Erwägung gezogen werden können, wenn neben einem oder mehreren fruchtbaren Naturteichen auch ein möglichst mit Quellwasser gespeistes Bruthaus vorhanden ist und die Zeit für das Ablaichen sowie zur Betreuung der Brut aufgebracht werden kann. Zu diesem Zweig der Forellenzucht werden sich vor allem Anlagen eignen, die keine sehr gute Verkehrslage besitzen, bei denen aber alle anderen Produktionsbedingungen zutreffen. Wenn auch die Mutterfische heute mit einem eigenen Spezialfutter auf engem Raum und ohne Naturnahrung in den Zuchtanstalten gehalten werden können, so ist eine hohe Qualität natürlich unbestritten leichter mit einem hohen Anteil an natürlicher Nahrung versorgter Mutterfische und ihrer Nachzuchtprodukte erreichbar. Der Eiansatz solcher Rogner ist ein gleichmäßigerer und höherer, der Ausfall durch Sterilität ein geringerer. Dass die Diebstahlgefahr weitgehend ausgeschaltet werden muss, da ein Bestand an großen Muttertieren sehr wertvoll ist, versteht sich von selbst.

Anfängern, die sich mit der Forellenzucht eine Existenzgrundlage schaffen wollen, ist von der Mutterfischhaltung eher abzuraten. Für die Eiproduktion sind viel Erfahrung und Aufwand notwendig, wenn man rentabel arbeiten will. Für Hobbyzüchter kann aber gerade dieser Zweig interessant sein. Die Aufzucht autochthoner Fische, genetisch reinerbiger Fische aus Freigewässern, für Profis zu aufwändig und gefährlich (mögliche Einschleppung von Krankheiten), könnte einen Hobbyzüchter interessieren.

Setzlingsproduktion

Die Aufzucht von Setzlingen aus fressfähigen oder angefütterten Brütlingen verlangt übersichtliche Teiche und auch Erfahrung, die aber in einigen Jahren erworben wer-

Jungforellen (Setzlinge) im Kescher

Langstrombecken mit Regenbogenforellenbrut

den kann. Je größer die zum Einsatz gelangenden Brütlinge sind, desto problemloser verläuft die Aufzucht. Man setzt derzeit die Regenbogenforellen erst mit mehr als 6 cm Länge in die Teiche und erzielt damit beste Erfolge. Fische dieser Länge haben bereits große Widerstandskraft gegen Krankheiten erworben und manche Brutfeinde können ihnen nichts mehr anhaben.

Bachforellen setzt man meist schon mit 4 cm Länge in die Teiche, um die günstigeren Zuwachsbedingungen in diesen zu nutzen. Das unbedingt notwendige oftmalige Futterangebot kann durch den Einsatz von Automaten erreicht werden. Somit ist nur ein geringer Zeitaufwand für die Fütterung notwendig.

FEINDE DER FORELLENSETZLINGE

Eine Beobachtung, Fernhaltung und Bekämpfung der natürlichen Feinde der Fischbrut ist notwendig, um einigermaßen gleichbleibende und rentable Erträge zu sichern. Die wichtigsten und gefährlichsten Feinde sollen in diesem Zusammenhang gleich angeführt werden:

Insekten

Aus der Insektenwelt ist die Larve des Gelbrandkäfers mit ihren gefährlichen Zangen und ihrer enormen Gefräßigkeit zu nennen. Das Fischlein wird mit den Zangen erfasst, mit Hilfe eingespritzter Fermente aus dem Mitteldarm wehrlos gemacht, seine Organe werden vorverdaut und dann aufgesogen. Brütlingen mit mehr als 6 cm Länge und Setzlingen können diese Räuber nicht mehr gefährlich werden.

An den ausgesogenen Resten, die man im Teich findet, wird man das Vorkommen der zuerst fadendünnen Larve sehr bald feststellen. Später fällt sie ja selbst durch ihre Größe auf. Ein Entkommen des Fisches, den sie bis zu einer Größe von 5 bis 6 cm zu packen und zu halten vermag, ist nahezu unmöglich und daher sind die Verluste dementsprechend hoch. Der Käfer selbst ist weniger gefährlich, doch nimmt auch er Forellenbrütlinge gerne an.

Vögel

Aus der Vogelwelt sind die Seeschwalben und die Möwen als gefährliche und erfolgreiche Fischfresser anzuführen, ebenso die verschiedenen Tauchvögel (z. B. Kormorane).

Reiher und Störche, aus ihrem ureigenen Lebensraum vielfach verdrängt, suchen Forellenzuchten ebenfalls gern auf, um ihren Nahrungsbedarf zu decken. Die in der Nähe des Meeres oder anderer größerer Gewässer liegenden Forellenzuchten müssen zur Fernhaltung dieser Fischräuber ihre gesamte Anlage mit Drähten überspannen. Ein um die Teiche in etwa 20 bis 25 cm Höhe gespannter und von einem Weidezaungerät unter Spannung versetzter Draht schafft, wie ich selbst erprobt habe, gegen die Stelzvögel, wie Reiher und Storch, sichere Abhilfe, sofern kein Steg oder überhängendes Gehölz einen weiteren Landeplatz bieten.

Eisvögel und Bachamseln treten als Reviervögel meist nur paarweise auf und nehmen wegen ihrer geringen Größe auch

Gegen Vogelfraß abgesicherte Aufzuchtbecken

nur kleine Setzlinge an. Da der Eisvogel ein Versteck und Absitzmöglichkeiten über der Wasseroberfläche haben muss, bieten die Entfernung des Uferbewuchses und die Beseitigung von aus dem Wasser herausragenden Pflöcken einen wirkungsvollen Schutz vor diesem wegen seiner Farbenpracht und Schönheit geschützten Vogel.

Schlangen

Von den am Wasser lebenden Schlangen ist die Ringelnatter aufgrund ihrer weiten Verbreitung und ihres zahlreichen Vorkommens die gefährlichste. Sie vermag große Mengen von Setzlingen zu fressen und so den Bestand zu dezimieren. Alle diese Feinde spielen aber nur in Naturteichen eine Rolle. In Intensivzuchten fühlen sie sich durch die dauernde Beunruhigung und stete Überwachung so gestört, dass sie trotz des hohen Nahrungsangebotes nicht verbleiben.

Fischotter und Katzen

In den letzten Jahren wurde der Fischotter zum Teil ausgesetzt und hat sich aufgrund fehlender Feinde rasch über das ganze Bundesgebiet verteilt. Es ist jeder Teichbesitzer gut beraten, seine Anlage vor ihm zu schützen.

Es gibt 2 Möglichkeiten:

1. Ein fix eingegrabener Zaun mit einer Mindesthöhe von 1,5 Metern oder
2. ein Elektrozaun, der zwar billiger zu errichten ist, danach aber ständiger Pflege bedarf. Im Sommer muss immer ausge-

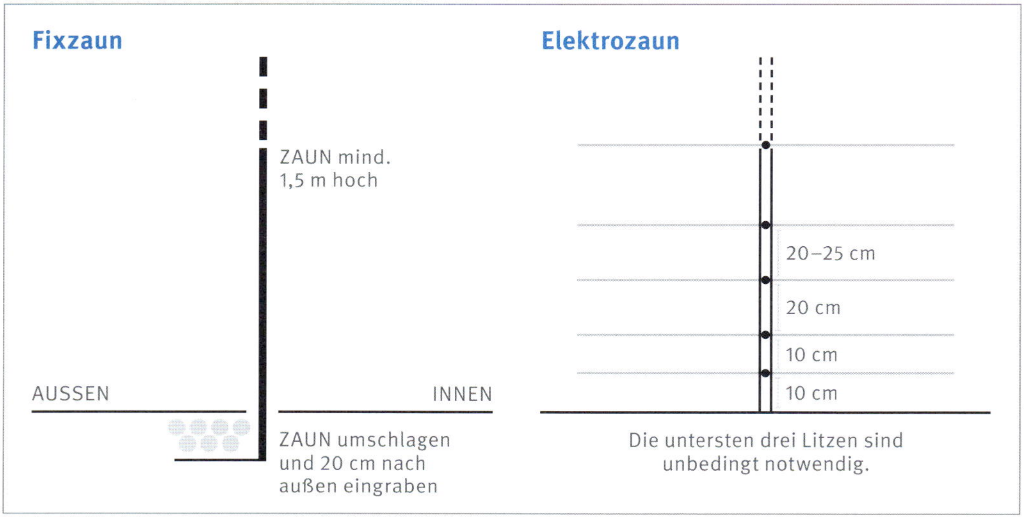

Elektrozaun gegen Fischotter

mäht und im Winter schneefrei gehalten werden, um ein Ableiten des Stromes zu verhindern.

Auch streunende Hauskatzen kann man so daran hindern, in den Teichen zu fischen.

SPEISEFORELLENPRODUKTION

Nicht überall werden Setzlinge leicht zu verkaufen sein, deshalb muss die Abnahme der Produktion durch Verträge und Abmachungen gesichert sein, was besonders dann von größter Wichtigkeit ist, wenn die Teiche nur den Sommer über bewirtschaftet werden. Andererseits wird gerade die Unmöglichkeit einer Winterung in solchen Teichen die Heranzucht von einsömmrigen Setzlingen bei einer verhältnismäßig günstigen Gewinnspanne nahelegen.

In den allermeisten Fällen wird sich der Bewirtschafter aber dem einfachsten und problemärmsten Betriebszweig, der

Regenbogenforelle, ca. 1 kg schwer

Produktion von Speisefischen, den so genannten Portionsforellen, zuwenden. Seit der Einführung der Trockenfuttermittel ist die Beschaffung und Lagerung des Futters problemlos möglich. Es genügt, einmal am Tag zu füttern, und diese Tätigkeit kann von Automaten übernommen werden, sodass der zeitliche Aufwand wesentlich verringert werden kann. Die Ausfälle sind leicht zu überblicken und gerade in diesem Lebensalter der Fische gering, wenn man bei vernünftiger Besatzmenge die Fütterungsregeln und die hygienischen Maßnahmen vor dem Einsetzen beachtet. Der Verkauf stößt gewöhnlich auf keine Schwierigkeiten.

VORAUSSETZUNGEN FÜR DEN VOLLBETRIEB

Ein Vollbetrieb, der alle Zweige der Forellenzucht, von der Mutterfischhaltung und Eiproduktion bis zur Brütlings-, Setzlings- und Portionsforellenerzeugung, umfasst, wird selten neu errichtet werden, weil dazu viele Voraussetzungen gegeben sein müssen. Ein großes Vorkommen guten Wassers, ein ausreichend großes und geeignetes Gelände und nicht zuletzt ein Betriebsführer, der neben umfangreichen Kenntnissen und Erfahrungen auch über das nötige Organisations- und Unternehmertalent verfügt, nicht zu sprechen von dem entsprechend großen Kapital, das ebenfalls zur Verfügung stehen muss.

Betriebswirtschaftliche Überlegungen

Gegen die Errichtung eines Vollbetriebes spricht einerseits die ganz allgemeine Erkenntnis, die besonders in den landwirtschaftlichen Betrieben Geltung hat, dass gerade die Spezialisierung wesentlich für die Rationalisierungs- und Mechanisierungsbestrebungen eines Betriebes ist.

Wo aber ständige Arbeitskräfte das ganze Jahr hindurch voll ausgelastet werden sollen, wird der Vollbetrieb mit seinem naturbedingten Arbeitszyklus – Eigewinnung und Erbrütung im Winter, Brutpflege des Teichbesatzes und das Sortieren im Frühling, die intensive Fütterung im Sommer sowie die Zeit des Abfischens und die Besatzlieferungen im Herbst (um die hauptsächlichsten Arbeiten jeder Jahreszeit anzuführen) – mit Recht eingerichtet bzw. aufrechterhalten werden.

Die herbstlichen Besatzlieferungen haben sich leider mittlerweile ganz aufgehört. Bis vor ca. 15 Jahren wurden die Bäche vor allem im Herbst besetzt, sodass die großen Bachforellen im Bach ablaichen konnten und man sie im Frühling guten Gewissens befischen konnte. Leider haben die Prädatoren (Beutegreifer) so überhandgenommen, dass bis zum Frühjahr keine Fische mehr vorhanden sind. Die Fließgewässerbewirtschafter haben daher aufgehört, im Herbst zu besetzen, und tun dies, wenn überhaupt noch, im Frühjahr.

Wer einen Direktvertrieb oder Hofladen hat oder auf den Markt fährt, sollte versuchen, das ganze Jahr über Portionsforellen zu haben und damit immer (mit einigen Arbeitsspitzen) beschäftigt zu sein.

Voll- oder Teilbetrieb

Die Aufteilung verschiedener Produktionszweige auf mehrere Betriebe, die natürlich gut zusammenarbeiten müssen, ist sicher erstrebenswert, da diese Vorgangsweise sowohl Investitionen als auch Arbeitskräfte spart. Sie hat sich beispielsweise in Dänemark schon weitgehend durchgesetzt, in Österreich aber nicht. Man fürchtet hier die Abhängigkeit von einem anderen Betrieb (z. B. falls dessen Produktion durch Krankheiten usw. ausfallen sollte). Besitzer kleinerer Anlagen werden sich aber sicher nur für eine Teil- und nicht für einen Vollbetrieb entscheiden müssen.

ZU- UND ABFLUSSVORRICHTUNGEN

Der Mönch

Neugebaute oder wiedererrichtete Teiche wird man stets mit Mönchen, den besten Ablaufvorrichtungen, versehen. Ein Mönch besteht aus dem Steher, der die Staubretter und das Gitter aufnimmt, und dem Ablaufrohr, das das Wasser unter dem Damm abführt. Dafür verwendet man meist Polokalrohre. Diese Kunststoff-Kanalrohre sind biegsam und brechen nicht so leicht, sodass man keine so solide Fundamentierung der Rohrleitungen herstellen muss, wie bei den Betonrohren. Durch ihre Länge von 4 m haben sie auch wenige Stoßstellen (= die Stelle, an der 2 Rohre ineinandergeschoben worden sind).

Die Arbeiten an den Ablaufvorrichtungen müssen äußerst genau und sorgfältig ausgeführt werden, denn Hohlräume am Rohr können das Ausbrechen des Teiches zur Folge haben, sodass eine durchsackende Rohrleitung schneller zerstört wird. Außerdem kann in diesem Fall der Teich nie am Ablauf mit Hilfe einer Abfischvorrichtung befischt werden, weil die Fische in Massen im Rohr stehenbleiben und nicht herauszubekommen sind.

Wählen Sie keine zu kleine Dimension für die Ablaufrohre. Sie müssen immer um einiges größer sein als die Zulaufrohre. Wenn Sie als Zulaufrohr die Dimension 100 mm haben, so muss das Ablaufrohr mindestens 150 mm, besser 200 mm betragen.

Mönche haben gegenüber anderen Ablassvorrichtungen den großen Vorteil, dass mit Hilfe ihrer Staubretter (die Höhe

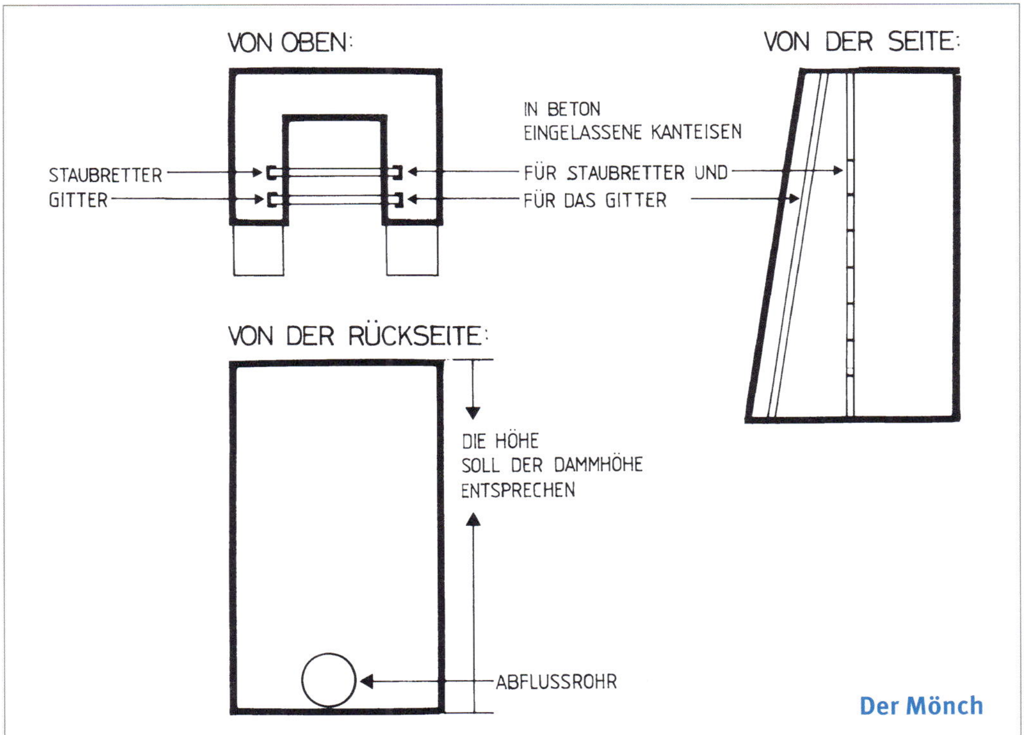

Der Mönch

der einzelnen Staubretter soll nicht mehr als 15 cm betragen) jede erwünschte Stauhöhe im Teich erzielt und gehalten werden kann. Ein unkontrolliertes Auslaufen ist praktisch unmöglich. Dass man beim Mönch die Kontrolle über das Auslaufen verliert, kann nur dann passieren, wenn so viele Staubretter auf einmal gezogen werden, dass das Ablaufrohr das Wasser nicht mehr abzuführen vermag. Es steigt dann hinter den Staubrettern hoch und hebt sie alle auf. Wenn dann eines der unteren klemmt und nicht mehr in die richtige Lage gebracht werden kann, kommt es zur unkontrollierten und ungewollten Entleerung. Allerdings ist dies nur bei sehr großen und tiefen Teichen zu befürchten.

Mönch im frisch bespannten Teich

Staubretter dürfen auch nie zu genau in den Mönch eingepasst werden, da das Holz im Wasser quillt und sie dann nicht mehr herausgezogen werden können.

Der Mönch des Forellenteiches soll das warme Wasser an der Oberfläche abführen und ist deshalb vorne offen. (Bei Karpfenteichen wird er meist in der vorne geschlossenen Form gebaut werden.) Über die gesamte Länge seiner Vorderseite erstreckt sich das Absperrgitter. Eine schräge Vorderseite des Mönches vergrößert die Gitterfläche, was beim Auftreten von Algen von Vorteil ist und die Kontrolle des Siebes sowie das Reinigen erleichtert.

Standrohr und Kipprohr

Von diesen beiden Varianten des Teichabflusses kann ich nur abraten. Das Standrohr wird oft gar nicht ganz am Damm gesetzt, sondern irgendwo, wo der Teich am tiefsten ist. Viele geben kein Gitter darüber, was vor allem bei einem Besatz von Saiblingen zu einem baldigen Ausschwimmen der Fische führt. Wird ein Gitter oder Netz über das Rohr gezogen, verlegt es sich bald und der Teich geht über. Dadurch können die Fische ausschwimmen und der Damm kann schwere Schäden davontragen. Wenn das Standrohr einmal gezogen ist, kann man es meist nicht mehr einsetzen und der Teich entleert sich unkontrollierbar.

Beim Kipprohr, welches sich hinter dem Damm befindet, ist die Situation etwas besser, da die Stauhöhe besser kontrolliert werden kann. Die Gitter im Teich werden aber meist zu klein dimensioniert. Wenn Sie Freude an Ihrem Teich haben wollen, bauen Sie einen ordentlichen Mönch. Es gibt ihn auch fertig zu bestellen.

Überlauf oder Umlaufgraben

Teiche, die hochwassergefährdet sind, weil sie eine kleine Talsperre darstellen und sich in einer Talsenke befinden, sollen, wenn die Gefahr besteht, dass der Mönch die aufkommenden Wassermassen nicht aufzunehmen und abzuführen vermag, noch einen mit einem Gitter versehenen Überlauf an einer anderen Stelle des Dammes haben. Selbstverständlich muss dann die Dammböschung durch einen Verbau vor der Erosionswirkung des abfließenden Wassers geschützt werden. Wo ein Umlaufgraben um den Teich herum gelegt werden kann, ist diesem der Vorzug zu geben. Er kann die auftretenden Hochwässer aufnehmen und abführen. Beim Abfischen steht außerdem immer reines Wasser zur Verfügung, da er Wasser am Teich vorbei zum Abfluss führt. Obendrein kann das für die Speisung des Teiches nicht gebrauchte Wasser durch ihn abgeführt werden. Dazu kommt auch noch, dass ein mit einem Umlaufgraben versehener Naturteich, wenn in seinem Gelände nicht auch Quellaustritte vorhanden sind, gänzlich trockengelegt werden kann, was wieder bei allen nötigen Reparaturarbeiten an den Teichbauten von großem Vorteil ist.

Zuläufe

Über die Zuläufe ist nicht viel zu sagen. Meist werden es kleine Kästchen mit Gittern und Staubrettern zur Regulierung des Wasserzulaufs sein. Bei den Fließkanälen modernster Art erstrecken sie sich über die gesamte Breitseite derselben. Rohrzuläufe, die man nicht abgittern will oder kann, können gegen das Einspringen von Fischen aus dem Teich auf die Weise abgesichert werden, dass man den Einlaufstrahl durch

ein schräggestelltes Brett oder Gitter bricht bzw. ein Knie aufsetzt.

Wird das Wasser aus einem Vorfluter mit starkem Laubanfall bezogen und sollen oder dürfen keine Fische einschwimmen, so müssen große Gitter gesetzt werden, die sich, günstig angebracht, selbst reinigen. Andernfalls müssen automatische Laubrechen eingesetzt werden, die sehr teuer sind, oder manchmal wird auch ein Tiroler Wehr vorgeschrieben.

„Wassererneuerung" bzw. Staustufe in einem Naturfließkanal

ALLGEMEINES ÜBER BESATZZAHLEN FÜR NATURTEICHE

Es ist beinahe unmöglich, allgemein gültige Besatzzahlen für Naturteiche, wie sie meist in unregelmäßiger Form und mit Erddämmen errichtet werden, anzugeben, obwohl gerade diese Frage für Anfänger eine der wesentlichsten ist. Im Kapitel über Wasser ist schon angeführt worden, dass eine Richtzahl insofern gegeben werden kann, als bis zu 75 kg Forellen pro Liter Wasserspeisung in der Sekunde gehalten werden können. Das sind ca 250 Stück pro Sekundenliter! Dies muss so verstanden werden, dass das Einsatzgewicht und die Zahl der Setzlinge so zu wählen sind, dass am Ende der Produktionszeit die oben genannte Menge nicht überschritten wird. Unter günstigen Voraussetzungen, wie z. B. niedrige Temperatur des Zuflusswassers auch an heißen Tagen und schattige Lage des Teiches, wird es möglich sein, über die Grenze vom 75 kg pro Liter/Sekunde hinauszugehen. Anfängern kann nur geraten werden, darunter zu bleiben. Dass unter extremen Verhältnissen diese Richtzahl nicht zur Anwendung kommen kann, wurde bereits gesagt.

Die natürliche Produktionskraft des Teiches, die Menge an Fischnahrung, die er hervorzubringen vermag, wird von vielen Faktoren bestimmt. Der natürliche Zuwachs an Fischen ohne jede Zufütterung kann in einem Teich pro Hektar und

Jahr nur einige Kilo betragen, er kann aber 100 Kilo auch wesentlich überschreiten. Nur ein Fachmann wird allein durch das Besichtigen eines Teiches die Produktionskraft einschätzen können. Der Laie ist hier auf das Sammeln von Erfahrung angewiesen.

Automatischer Laubrechen mit Überdachung

Automatischer Laubrechen mit Steuereinheit

PROBLEMATIK DER TEICHDÜNGUNG

Düngung kann die Produktionskraft natürlich erhöhen, doch ist die Düngung im Forellenteich immer problematisch. Wenn sie im Karpfenteich bei richtiger Anwendung immer erfolgreich sein wird, so deshalb, weil der Karpfenbesatz eine Fadenalgenbildung oder Verkrautung verhindert. Das ist bei Forellen nicht der Fall, sodass mit der Düngung meist nur ein sehr unerwünschter, übermäßiger Pflanzenwuchs erreicht wird, der keine erhöhte Zuwachsleistung bringt, aber in vieler Hinsicht negative Auswirkungen hat. Vor allem bei einer starken Entwicklung von Fadenalgen im Teich kann durch Übersättigung des Wassers mit dem am Tag von den Pflanzen produzierten Sauerstoff eine Schädigung der Fische stattfinden, die sich vor allem in Erblindung derselben äußert. Das Faulen großer Pflanzenmassen kann zu einem Sauerstoffdefizit führen und das Abfischen wird durch Veralgung und Verkrautung erschwert.

ZUFÜTTERUNG IM NATURTEICH

Eine Zufütterung wird im Naturteich sehr positive Ergebnisse bringen. Auch ein nicht sehr hochwertiges oder einseitiges Futter wird durch einen hohen Anteil an Naturnahrung aufgewertet, der alle Mängel weitgehend ausgleicht. Es ist aber zu beachten, dass jede Zufütterung im Naturteich eine düngende Wirkung ausübt.

BESATZZAHLEN FÜR FORELLENTEICHE UND FLIESSKANÄLE

In Forellenteichen, in denen die Naturnahrung keine Rolle mehr spielt und die Fische nur mit Kunstfutter ernährt werden, bestimmt die Wasserversorgung (die Erneuerung des Wassers in der Zeiteinheit) die Höhe des Besatzes. Dass durch eine Belüftung die Besatzzahl erhöht werden kann, wurde bereits gesagt. Erneuert sich das Wasser im Teich wenigstens dreimal in der Stunde und steigt die Temperatur nicht über 15 °C, so kann bis zur Höchstzahl von etwa 10 kg pro m^2 Teichfläche besetzt werden, wobei eine normale Tiefe von ca. 1 m vorausgesetzt wird.

Wenn Sie nicht im Besitz mehrerer Teiche sind, sodass Sie die Fische aus dem Setzlingsteich aufteilen können, müssen Sie vom möglichen Endbesatz ausgehen. Das bedeutet, Sie dürfen nur so viele Fische in den Teich geben, wie er erwachsene Fische mit genügend Sauerstoff versorgen kann.

Hier wird als Faustzahl 200 bis 250 Stück/Liter/Sekunde angenommen. Wird Ihr Teich im Sommer sehr warm, sollten Sie einen noch geringeren Besatz wählen. Einige meiner Kunden mit geringem Quellwasserzufluss sind dazu übergegangen, ihre Teiche im Herbst mit Forellen zu besetzen, die gegen Ende des Frühjahres Portionsgröße haben und vor den warmen Sommermonaten abgefischt werden können.

In Fließkanälen mit einer gleichmäßigen und viel intensiveren Wassererneuerung kann die genannte Besatzzahl um das Drei- bis Vierfache erhöht werden. Sicher werden erfahrene Züchter zeitweise auch noch höhere Besatzziffern erreichen und riskieren. Ein zu dichter Besatz bringt aber neben der Gefahr einer plötzlich auftretenden Krankheit auch einen optischen Nachteil mit sich, der dem Absatz der Produkte sehr abträglich ist. Bei den auf so engem Raum gehaltenen Forellen beginnen die Flossen zu verkümmern oder sich rückzubilden. Es fängt mit der Rückenflosse, die immer kleiner wird, an und greift dann auf die anderen Flossen, besonders auf die Brustflossen, über. Die Fische erscheinen dabei nicht krank und die Regeneration der Flossen setzt sofort wieder ein, wenn Platz geschaffen und die Besatzdichte herabgesetzt wird, wenn nicht die Rückbildung schon so weit fortgeschritten ist, dass nur mehr kleine Stummel statt Flossen vorhanden sind. Der Grund dieser Erscheinung ist noch ungeklärt. Manche geben der ständigen Berührung der Fischleiber die Schuld, doch dürfte die Ursache eher eine starke Sonneinstrahlung sein, da bei der Haltung von Forellen in sehr tiefen, finster gehaltenen Silos trotz größter Besatzdichte keine Flossenschäden auftreten.

Ich hoffe, dass dieses Kapitel einige Anregungen und Anleitungen zur Nutzbarmachung der mancherorts noch vorhandenen Möglichkeiten gibt.

DIE VERMEHRUNG

LAICHVORGANG IN DER NATUR UND KÜNSTLICHE LAICHGEWINNUNG

Wie schon anfangs erwähnt, laichen die Forellen am Kies. Das Weibchen (Rogner) stellt, indem es sich auf die Seite dreht, mit Flossenschlägen eine Laichgrube her, in die es sich senkt und die Eier ablegt, nachdem das Männchen, der Milchner, es durch nahes Heranschwimmen und Anzittern zu dieser Tätigkeit angeregt hat. Die Befruchtung des Eies erfolgt frei im Wasser, und zwar dadurch, dass sich das frisch abgelegte Ei und der im selben Augenblick ausgestoßene Samen vereinigen. Weil dem reifen Weibchen die Eier und dem Männchen der Samen fast von selbst ausrinnen, hat man schon im 18. Jahrhundert die laichreifen Fische dem Wasser entnommen und die Laichprodukte in einer mit Wasser gefüllten Schüssel vermischt, womit die Befruchtung vollzogen war. Die Eier wurden dann in eigens dazu konstruierten Behältern im Bach selbst oder in einer Quelle ausgelegt und kontrolliert, bis die Brut den Eiern entschlüpft war. Dabei machte man verschiedene interessante Beobachtungen und gelangte so zu umfangreichen Kenntnissen in der Behandlung von Eiern und Brut, sodass sowohl bei der Befruchtung als auch bei der Erbrütung durch den Fachmann heute nur noch geringe Verluste entstehen.

Trockenmethode

Vorerst zeigt es sich, dass es nicht gut ist, Eier wie Samen gleich ins Wasser hineinzustreifen, sondern dass die so genannte trockene Methode zu viel besseren Resultaten führt. Bei dieser werden die Fische leicht abgetrocknet, damit kein Wasser von ihnen abtropft, dann streift man den Rogen mit leichtem Druck auf ein Sieb oder auf eine auf einem Rahmen aufgespannte Gaze, um ihn von der Eierstockflüssigkeit zu trennen. Sobald man mehrere Weibchen auf diese Weise abgestreift hat, gibt man den Rogen in eine trockene Schüssel. Nun wird der Samen ebenfalls leicht abgetrockneter Männchen darüber gespritzt. Da nicht alle Männchen guten Samen haben, nimmt man nahezu gleich viele Männchen zur Befruchtung der Eier, wie man Weibchen genommen hat.

Ob man nun die unterhalb des Siebes in einer Schüssel gesammelte Flüssigkeit mit reinem Wasser vermischt oder auch nur reines Wasser für den Befruchtungsvorgang dem Rogen-Milchgemisch beimengt, muss jeweils ausprobiert werden. Ein sehr gutes Befruchtungsergebnis spricht für die angewendete Methode, was sich aber leider erst Wochen nach der Befruchtung zeigt. Die Erfahrungen sind so verschieden, dass ein in jedem Fall gültiges Rezept nicht gegeben werden kann. Oft hat man auch gute Befruchtungserfolge erzielt, wenn man das beizugebende Wasser durch eine 0,5%ige Salzlösung ersetzt hat. Mit dem Wasser einmal in Berührung gekommen, zeigt der Samen Eigenbewegungen, ist aber nur für etwa eine halbe Minute befruchtungsfähig.

Samenfäden, die nicht mit Wasser in Berührung kommen, zeigen keine Eigenbewegung und die Samenflüssigkeit, die Milch, ist, trocken gewonnen und bei geeigneter Temperatur gehalten, noch längere Zeit befruchtungs- und somit sogar versandfähig.

Sobald das Ei mit Wasser in Berührung kommt, beginnt es, sich mit Wasser zu füllen, wodurch sich die Mikropyle (Öffnung in der Eioberfläche) zu schließen beginnt. Durch diese Mikropyle muss aber auch der Samen schlüpfen. Die Befruchtung hat also nur ein geringes Zeitfenster, was auch die geringe Befruchtungsrate im Freiwasser erklärt.

Techniken des Ablaichens

Es gibt verschiedene Techniken des Ablaichens. Kleinere Fische nimmt man am Kopf, wobei die Brustflossen zwischen Zeige- und Mittelfinger liegen, und drückt mit der zweiten Hand, leicht über den Fisch streifend, mit Daumen und Zeigefinger Eier oder Samen aus. Dabei ist es vorteilhaft, wenn ein Gehilfe den Schwanz des Fisches mit einem Tuch hält.

Vorteile großer Laichforellen

Für das Ablaichen von großen, einige Kilo wiegenden Exemplaren haben die Dänen eine eigene Methode erfunden. Sie halten den Fisch mit einem Fäustling am Schwanz und nehmen seinen Kopf unter den Arm der anderen Hand, mit der sie auch die Eier abstreifen. Zum besseren Halten des Fisches wird das eine Bein auf einen Schemel gestellt. Der Schwanz wird nach hinten gebogen und aus dem steil nach oben gerichteten Fischkörper laufen die Eier sehr schön aus. Man bevorzugt große Laichfische, weil ihre Eier zahlreich und groß sind, was eine gute Einzelleistung der hantierenden Arbeitskräfte gewährleistet.

Ich habe in Europa keinen Betrieb gesehen, der das Ablaichen irgendwie mechanisiert hätte, wie es D. V. Greenberg in seinem Buch „Forellenzucht“ beschreibt. Ich halte es auch nicht für richtig, weil die fühlende Hand des Menschen nicht durch gefühllose Einrichtungen ersetzt werden kann. Der Fisch muss ja auf jeden Fall vorerst einmal befühlt werden, ob die Eireife eingetreten ist, wozu er ohnedies schon in die Hand genommen werden muss.

Bekanntlich erstreckt sich die Laichzeit der Forellen über mehrere Monate, denn nicht bei allen Rognern tritt die Laichreife gleichzeitig ein. Alte Fische laichen meist zu Anfang, junge gegen Ende der Laichperiode. Auf den Eintritt der Laichreife nimmt aber auch die Witterung entscheidend Einfluss, Kälteeinbrüche verzögern, wärmere Tage beschleunigen ihn. Der Mutterfischbestand muss daher in regelmäßigen Zeitabständen überprüft werden, um die laichreifen Exemplare herauszufinden. Es genügt, dies etwa alle zehn Tage zu tun. Länger sollte allerdings nicht gewartet werden, denn sonst werden die Eier entweder in den Kies gelegt oder im Körper überreif und sind nicht mehr befruchtungsfähig. Beides führt zu Verlusten an Rogen.

BRUTAPPARATE

Kurz nach der Befruchtung gießt man das durch den Samen und Exkremente verunreinigte Wasser ab und ersetzt es vorsichtig durch frisches. Sobald die Eier durch die Aufnahme von Wasser Festigkeit erlangt haben, legt man sie in den vorher ausgewaschenen und womöglich auch desinfizierten Brutkästen auf. Man hat natürlich im Laufe der Zeit die verschiedensten Brutapparate konstruiert und verwendet. Wichtig ist in jedem Fall, dass das ständig zufließende Wasser von unten her in die Siebkästen eintritt und es durch ein kleines Sieb an der Rückseite wieder verlässt. Das Bodensieb ist immer völlig rein zu halten und es ist ebenso wichtig, darauf zu achten, dass sich keine Luftblasen unterhalb des Siebes bilden. An jeder nicht durchströmten Stelle im Siebkasten sterben die Eier durch Sauerstoffmangel sehr bald ab.

Ich glaube, man ist sich heute allgemein darüber einig, dass der Langstromapparat die meisten Vorteile bietet. Die Tröge, in denen die Siebkästen stehen, sind vielfältig verwendbar und können die Brut auch nach der Dottersackperiode zum Anfüttern gut beherbergen. Diese in Tischhöhe befindlichen Apparate gewährleisten eine gute Übersicht und ein angenehmes Hantieren. Außerdem nützt der Langstromapparat den Raum gut aus. Die kalifornischen Brutkästen stehen nur noch selten in Verwendung, weil sie den Nachteil schlechter Raumnutzung haben. Brutschränke können dort von Vorteil sein, wo die Eier zum Großteil im Augenpunktstadium verkauft werden und nicht in der Anstalt schlüpfen. Sie kommen mit einem sehr geringen Wasserzulauf aus, was unter Umständen von großem Vorteil sein kann. Die Anschaffungskosten sind sehr hoch, sodass sie nur für große Eierproduzenten sinnvoll sind.

Ein Übereinander von Bruteinrichtungen nimmt die Übersicht und erschwert die Arbeit. Für die Erbrütung kleiner klebriger Eier stehen Brut- oder Zugergläser in Verwendung. In der Forellenzucht werden dort, wo große Eimengen platzsparend untergebracht werden müssen, ähnliche Einrichtungen oft selbst hergestellt. Billige Plastikeimer werden mit einem Siebboden versehen und mittels eines Schlauches von unten her mit Wasser versorgt. Je nach Größe der Eimer können 30.000 bis 50.000 Eier bis vor dem Schlüpfen auf diese Weise gehalten werden. Eine Verpilzung der Eier kann man in diesem Falle aber nur durch wiederholte Gaben von Formalin verhindern.

BETREUUNG DER EIER

Der Betreuung der Eier kommt große Bedeutung zu. Abgestorbene Eier sollten regelmäßig entfernt werden, da sich sonst auf ihnen ein Wasserschimmel festsetzt, der auch auf die gesunden Eier übergreift. In kleineren Anstalten, besonders in solchen, die nicht auf die Eierproduktion spezialisiert sind, wird die Pinzette oder der im Fischereiinstitut in Scharfling konstruierte Eisauger verwendet.

Man hat versucht, die Verpilzung der Eier mittels Chemikalien zu verhindern, doch können dadurch Keimschädigungen verursacht werden. Es ist also besser, wenn irgend möglich, die toten Eier mit den genannten Geräten mechanisch zu entfernen. Das hat auch den Vorteil, dass die Eier in den Siebkästen, auch Einsätze genannt, bewegt werden, sodass eine optimale Sauerstoffversorgung aller Eier gewährleistet ist, denn immer wieder gibt es Stellen und Winkel in den Bruteinsätzen, die nicht genug durchströmt sind, weil die Siebe etwas verschmutzt oder verklebt sind. Von diesen Stellen aus nehmen Verpilzungen ihren Ausgang und dort schlüpfen dann auch die Brütlinge zu früh und unterentwickelt aus, was Ausfälle verursacht.

Entfernung abgestorbener Eier mit dem Eiersauger

Entwicklungsstadien der Eier

Die Eier manchen im Laufe ihrer Entwicklung verschiedene Stadien durch. Es ist wichtig zu wissen, dass ihre Empfindlichkeit vom Befruchtungszeitpunkt an bis kurz vor dem Kenntlichwerden der Embryos zunimmt. Im so genannten Augenpunktstadium, in dem der sich entwickelnde Fisch immer deutlicher sichtbar wird, erreicht das Ei einen hohen Grad an Unempfindlichkeit. Damit ist klar, dass man Hantierungen, wie das Zählen oder

Augenpunkteier

den Versand der Eier, entweder unmittelbar nach der Befruchtung vornimmt oder aber erst im Augenpunktstadium. Bis zu diesem Zeitpunkt sind schon eine Menge Eier zugrunde gegangen.

Die unbefruchteten Eier unterscheiden sich nun deutlich von den befruchteten. Man kann sie nun gut auslesen, wodurch ein Käufer mit hundertprozentig befruchteten und gut entwickelten Eiern bedient wird. Ganz große Eiproduzenten verwenden zum Zweck des Ausscheidens unbefruchteter Eier fotoelektronisch arbeitende Apparate, die die Eier auch gleich zählen.

Eiversand

Der Versand der Salmonideneier erfolgt gewöhnlich auf Rähmchen, die aus den verschiedensten Materialien hergestellt sein können. Derzeit wird hauptsächlich gelochtes Styropor verwendet. Jedenfalls muss aus ihnen das Wasser abfließen können. Damit die Eier aber nicht vertrocknen, wird auf die übereinandergeschlichteten Rähmchen Eis gepackt, das durch sein Abschmelzen die Eier feucht und vor allem auch kühl hält. Zu schnelles Abschmelzen wird durch gutes Isolieren der Versandkiste, in die das Rähmchenpaket kommt, verhindert. Die Isolierung hält auch große Kälteeinwirkungen fern, denn die Eier dürfen beim Versand im Winter nicht gefrieren. Wenn beim Eierversand, wie heute üblich, wasserdichte Behältnisse verwendet werden, dann empfiehlt es sich, das unterste Eierrähmchen nicht mit Eiern zu belegen, sondern leer zu belassen. In das unterste Rähmchen aufsteigendes Schmelzwasser enthält keinen Sauerstoff. Es kann daher durch Sauerstoffmangel sehr schnell zum völligen Verlust der in diesem Rähmchen befindlichen Eier führen.

Auf diese Weise sind Forelleneier schon in die ganze Welt versendet worden und die einzelnen Forellenarten haben sich so weltweit verbreitet.

Dauer der Eientwicklung

Die Entwicklungsdauer der Eier richtet sich nach der Temperatur des Wassers. Man hat sie lange in Tagesgraden berechnet und hat damit auch bei normalen Quelltemperaturen im Bereich von 4 bis 8 °C recht gute Voraussagen für den Schlüpfungstermin der Eier machen können. Die Tagesgrade erhielt man durch Multiplikation der durchschnittlichen Wassertemperatur mit der Anzahl der Tage. Umgekehrt konnte man in Kenntnis der Werte für die betreffende Fischart auch das voraussichtliche Schlüpfen der Dottersackbrut nach Ermittlung der Temperaturen durch Division errechnen.

Da man aber anfing, durch höhere oder niedrigere Temperaturen die Entwicklungsdauer der Eier künstlich zu beeinflussen (durch Verwendung vorgewärmten Wassers einerseits oder durch solches auf 1 bis 2 °C abgekühltes andererseits), kam man zu der Erkenntnis, dass in diesem Fall die Rechnung nicht mehr stimmt. Die Entwicklung des Embryos schreitet auch bei sehr tiefen Temperaturen fort und bleibt nicht stehen, wie es der Rechnung nach der Fall sein müsste.

Bei Verwendung abgekühlten Wassers spricht man von Kalterbrütung, wird das Wasser aber künstlich erwärmt, so ist von Warmerbrütung die Rede. Beide Verfahren werden zu bestimmten Zwecken verwendet. Es kann sinnvoll sein, die Erbrütungszeit durch Verwendung von Wasser mit 1 bis 2 °C zu verzögern, wenn die Gefahr besteht, dass der Aussatz ins Freiwasser zu einem Zeitpunkt erfolgen müsste, zu welchem noch nicht genügend Nahrung vorzufinden ist. Zur Warmerbrütung wird man dort schreiten, wo es gilt, im Zuchtbetrieb einen möglichst schnellen Umtrieb zu erzielen, wobei allerdings als Folge der Wassererwärmung große Probleme auftreten können (z. B. Gasentwicklung).

Regenbogen haben bei gleichen Temperaturen eine kürzere Entwicklungszeit als Bachforellen und Bachsaiblinge.

Geräte zum Messen und Zählen von Forelleneiern

Schlüpfzeittabelle

Die Schlüpfzeit (siehe unten) wird immer wieder um einige Tage variieren, da sie von vielen Faktoren beeinflusst wird.

Die Eier werden per Stück, neuerdings auch per Liter oder Kilo gehandelt, wobei wie beim Wasser ein Liter praktisch einem Kilo gleichgesetzt werden kann.

Eierzählen

Das Zählen der Eier wird mit der Zählplatte vorgenommen, in deren Vertiefung die Eier hineinpassen. Ein geschickter Praktiker wird die Platte durch Eintauchen in einen mit Eiern gefüllten Behälter mit einem Handgriff füllen und die Überzähligen abrinnen lassen. Beim Zählen größerer Mengen von mehr als 100.000 Stück würde mit dieser Methode trotzdem ein zu großer Zeitaufwand verbunden sein. Schneller geht das Zählen mit dem Messbecher, der aus einem Innen- und einem Außenteil besteht. Ersterer hat einen durchlöcherten Boden und ist in letzterem verschiebbar. Genau gezählte Eier, meist ein paar Tausend, werden in den ausgezogenen Becher gefüllt und dieser dann so weit zusammengeschoben, bis die Füllung den oberen Rand erreicht. Diese Einstellung wird fixiert und nun können die Eier mit diesem immer wieder randvoll gemachten Becher aus einer Schüssel in die Versandrähmchen oder die Brutkästen gezählt werden. Diese Zählart ist genau genug, um nach Zugabe einer kleinen Übermenge jeden Käufer zufriedenzustellen.

Wasser-temperatur	Schlüpfzeit in Tagen		
	Regenbogen	Bachforellen	Bachsaiblinge
2 °C	–	154	144
4 °C	100	120	118
6 °C	55	78	80
8 °C	43	60	62
10 °C	31	41	44

Messen und Wiegen
(in Eizahl pro Liter)

Besonders bei großen Mengen wird es vorteilhaft sein, die Eier nach Liter oder Kilo zu messen bzw. sie zu wiegen. An einer kleinen Eimenge wird, um die Gesamtstückzahl zu wissen, die Eianzahl pro Messeinheit festgestellt. Sie schwankt meist zwischen 8.000 und 12.000 Stück pro Liter oder Kilo.

Bei der Messung werden die Eier, gut abgetropft, in ein zur Hälfte oder auch nur zu einem Drittel mit Wasser gefülltes Gefäß gebracht, das eine Messeinteilung hat, auf der nun die Wasserverdrängung abgelesen werden kann. Unrichtig ist es, Eier und Wasser gleichzeitig in den Messzylinder zu füllen und nach dem Absitzen der etwas schwereren Eier auf der Skala das Ergebnis abzulesen. Da die Eier kugelig sind, legen sie sich nie ganz eng aneinander. Die mit Wasser ausgefüllten Zwischenräume ergeben einen Fehlbetrag auf die tatsächliche Wasserverdrängung von etwa einem Viertel.

Es braucht wohl nicht betont zu werden, dass Eier wie Brütlinge, die ebenfalls auf die beschriebene Art gemessen oder gewogen werden, in abgetropftem Zustand auf die Waage kommen müssen. Auch beim Wiegen muss, wie beim Messen, die Stückzahl pro Gewichtseinheit festgestellt werden, weil es ebenso notwendig ist, die Fischanzahl zu kennen wie ihr Gewicht.

VORTEILE DES KUNSTSTOFFES

Bruttröge und Einsätze wurden, solange man keinen anderen Werkstoff kannte, aus Holz, Blech oder Beton angefertigt. Jeder dieser Stoffe hatte seine Nachteile. Betontröge sind unhandlich und damit an einen Platz gebunden, Holztröge sind trotz eines Anstrichs oft undicht und anfällig gegen zerstörende Einwirkungen. Auch die aus Blech hergestellten Brutapparate haben sich, obschon mit einem Anstrich versehen, als wenig widerstandsfähig gegen manche Wasserarten gezeigt. Das Material, welches die größten Vorteile bietet, ist das glasfiberverstärkte Polyester, das die Vorteile des geringen Gewichtes mit großer Haltbarkeit paart und durch die glatten Flächen auch leicht zu reinigen ist. Nicht nur Bruttröge und Einsätze, sondern auch Versandgeräte und Boote werden nunmehr aus diesem Werkstoff hergestellt.

Keinesfalls dürfen Forellen längere Zeit in verzinkten Behältern verbringen. Alle Buntmetalle, besonders aber Zink, sind auch in geringer Konzentration giftig, sodass schon die Zuleitung geringer Wassermengen in verzinkten Rohren zum Absterben der Fische führen kann. Es sind schon mehrere solcher Fälle bekannt geworden.

BESCHICKUNG DER BRUTAPPARATE

Der Embryo eines Eies, der stets mit gutem und sauerstoffreichem Wasser versorgt war, entwickelt sich bis zum Schlüpfen so weit, dass durch die Eihaut hindurch alle Einzelheiten, wie Kopf, Schwanz usw., erkennbar sind. Kommt ein Fisch vor diesem

Schlüpfende Forellenbrut

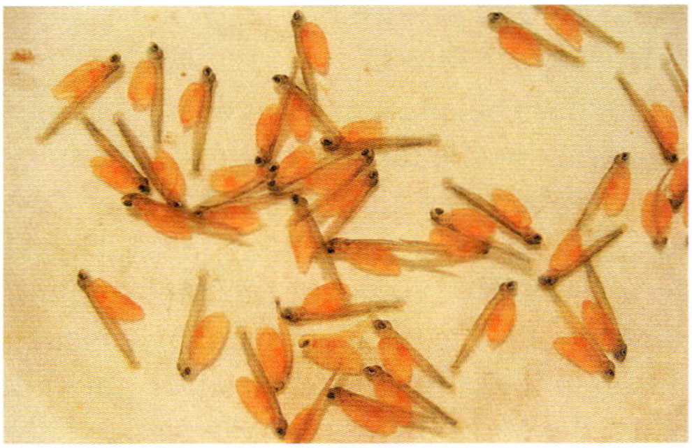

Dottersackbrut

Zeitpunkt aus dem Ei und schlägt er nicht mit dem Schwanz die Eischale auf, sondern durchstößt sie mit dem Kopf, dann war wohl die Erbrütung fehlerhaft und man wird bei der weiteren Entwicklung viele Verluste hinnehmen müssen. Das Aufspringen einer größeren Anzahl von Eiern kurz vor dem Schlüpfen deutet auf eine unzureichende oder falsche Ernährung der Muttertiere hin.

In den Siebeinsätzen der Brutapparate können die Eier bis kurz vor dem Schlüpfen in mehreren Lagen übereinander und ohne Schaden erbrütet werden. Da aber der Sauerstoffverbrauch der Brütlinge schnell ansteigt und bald ein Vielfaches von dem der Eier erlangt, müssen Eier, die alle Anzeichen baldigen Schlüpfens zeigen, aufgeteilt werden, sodass nur noch eine Lage den Boden bedeckt. Die Eihäute der geschlüpften Fische sollen möglichst mit kleinen Gazekeschern entfernt werden, da sie die feinen Siebe verlegen und somit starke Strömungen an den verbleibenden Durchtrittsstellen des Wassers entstehen. Das kann dazu führen, dass die kleinen Fische durch den Sog in die Löcher gepresst werden oder dass ihre Dottersäcke sich in denselben festsaugen. Nicht alle Fische schlüpfen zur gleichen Zeit. Dieser Vorgang kann sich über mehrere Tage hinziehen.

Die Dottersackbrut ist lichtempfindlich, weshalb sie nie der Sonne ausgesetzt werden darf. Das Abdecken der Brutapparate ist aus diesem Grund und auch zum Zweck der Fernhaltung von Schädlingen, z. B. Wasserspitzmäusen und Ratten, aber auch Vögeln, sehr zu empfehlen.

ANFÜTTERUNG DER BRUT

Auf die Dottersackperiode, in der die Brütlinge sich zwar fortbewegen können, aber nicht imstande sind, frei im Wasser zu schwimmen, folgt nun die Zeit der völligen Bewegungsfreiheit in allen Wasserschichten, und damit auch der Nahrungsaufnahme, da der Dottersack nahezu aufgezehrt ist. Sobald nun etwa 10 % der Brütlinge sich vom Boden erhoben haben, ist mit der Fütterung zu beginnen. Versäumt man diesen Zeitpunkt, so fangen sie vielfach überhaupt nicht mehr zu fressen an. Sie sterben nach kurzer Zeit ab, da sie eine Futteraufnahme unbegreiflicherweise ablehnen. Bei den Regenbogen und Saiblingen kommt das eher selten vor. Bachforellen schwimmen überhaupt nicht auf. Sie bleiben am Boden. Man muss bei den Bachforellen deshalb den ungefähren Schlüpfzeitpunkt berechnen und den Dottersack beobachten. Ist dieser zu Dreiviertel aufgebraucht, muss man zu füttern beginnen.

Die Forellenzucht bedient sich heute, nach Lösung der Futterfrage (im Jahre 1969 (!), davor wurde mühsam mit Topfen, Leber und Naturfutter = Plankton gefüttert), vielfach der Warmwasserhaltung bei der Anfütterung der Brütlinge. Als Warmwasser wird ein solches im Temperaturbereich von 10 bis 12 °C bezeichnet. Erst in den letzten Jahren waren die technischen Voraussetzungen für ein solches Verfahren gegeben, da eine automatisch gesteuerte Temperaturregelung Voraussetzung für die erfolgreiche Anwendung ist. Das Aufwärmen des Wassers erfolgt dort, wo kein Warmwasser aus Werken oder Betrieben anfällt oder von Natur aus vorhanden ist, mit Hilfe von Ölheizungen oder Wärmepumpen. Zur Einsparung von Energie und damit von Kosten wurden verschiedene Methoden erarbeitet. Wenn das Wasser im Kreislauf immer wieder verwendet wird, steigt durch die Ausscheidungen der Fische der Ammoniakgehalt im Wasser stark an. Deshalb muss wenigstens ein Teil des Wassers durch Frischwasserzufuhr ausgetauscht werden. Da aber auch die Keimzahl, die Zahl krankheitserregender Keime, sich ständig erhöht, muss das umlaufende Wasser auch gefiltert werden.

Die dazu nötigen Einrichtungen sind kompliziert und teuer und rentieren sich nicht. Ein besseres und kostensparenderes Verfahren besteht im Einsatz eines Wärmeaustauschers, wobei dem abfließenden und mit Futterresten sowie Fischexkrementen belasteten Wasser Wärme entzogen und dem zuströmenden Frischwasser übermittelt wird. Alle komplizierten technischen Anlagen sind störanfällig und hängen von einer stets gleichmäßig guten Strom- und Ölversorgung ab. Da jeder Stromausfall eine große Gefahr für das Leben der Forellen bedeutet, muss durch Bereitstellung eines Notstromaggregates vorgesorgt werden.

Am besten ist es natürlich, wenn man ein mit dem nötigen Gefälle zufließendes Quellwasservorkommen hat, das im Temperaturbereich von 8 bis 10 °C liegt, so dass technische Einrichtungen überflüssig sind.

HYGIENE IM BRUTTROG

Die fressfähigen Brütlinge sind nun nicht mehr in den Einsätzen zu behalten, sondern in Tröge oder Becken umzusetzen. Die Absperrgitter der Tröge sollen, wie die der Mönche, schräg gestellt oder am Boden angebracht sein, wie dies vor allem bei Rundbecken der Fall ist. Das Reinigen der Aufzuchtbecken wie auch das Entfernen abgestorbener, kranker, verkrüppelter oder missgebildeter Brütlinge wird

Langstrombecken mit Uhrwerksautomat und Reinigungsbesen.

dadurch sehr vereinfacht. Der Reinlichkeit und der Hygiene ist nun ganz besonderes Augenmerk zu schenken. Sowohl Futterreste als auch Exkremente sind täglich zu entfernen, aber ohne diese aufzuwirbeln und im Wasser zu verteilen. Am besten ist es, einen breiten Haarbesen ganz langsam vom Einfluss zum Absperrgitter hin durch das Becken zu schieben, nachdem man die Strömung durch Kippen oder Öffnen der Abflussvorrichtung entsprechend erhöht hat.

Im Wasser sich auflösendes und herumwirbelndes Futter führt in kurzer Zeit zu Kiemenschädigungen, die durch Abspreizen der Kiemendeckel äußerlich erkennbar werden. Wenn es einmal soweit ist, kann man den betroffenen Individuen kaum mehr helfen. Die Fische verweigern die Nahrungsaufnahme und gehen ein. Auf die Vorbeugungsmaßnahmen und Bäder gegen Kiemenschädigungen wird in einem anderen Abschnitt näher eingegangen.

Rundstrombecken mit elektrisch betriebenen Futterautomaten

Bruthalle mit Rundstrombecken

Bruthalle mit Langstrombecken

GEBRÄUCHLICHE FORMEN DER ANFÜTTERUNGSBECKEN

Für die Anfütterung der Brütlinge stehen entweder kreisrunde oder quadratische Becken mit abgerundeten Ecken in Verwendung oder aber so genannte Tröge, das sind gewöhnlich 3,5 bis 4 m lange und 50 cm bis 1,2 m breite Behälter mit verschiedener, meist auch regulierbarer Wassertiefe. Beide Behälterformen werden in der Forellenzucht verwendet. Meist sind die Raumverhältnisse für die Verwendung der einen oder der anderen Form maßgeblich. Natürlich müssen Wasserströmung und Durchlaufmenge auf die Größe der Fische und die Besatzzahl abgestimmt werden. Einerseits soll durch den Wasserzulauf eine optimale Versorgung mit dem lebenswichtigen Sauerstoff gewährleistet sein, andererseits dürfen die Fische nicht infolge zu starker Strömung ans Auslaufgitter gezogen werden. Beim Ankauf von Anfütterungsbecken ist darauf zu achten, dass die Wasserablaufrohre, die bei den Polyesterbecken zur Regelung des Wasserstandes als kippbare Standrohre eingerichtet sind, nicht zu klein dimensioniert sind, da in diesem Falle die notwendige Reinigung ein sehr zeitraubender Vorgang wird.

BESATZZAHLEN IM BRUTTEICH

Bachforellenbrütlinge können nach einer Anfütterungszeit von einigen Wochen mit einer Länge von 3 bis 4 cm in gut vorbereitete Teiche ausgesetzt werden. Man kann sie natürlich auch noch länger im Bruthaus behalten, wo sie vor Fressfeinden geschützt sind. Regenbogenforellenbrütlinge werden erst nach einer längeren Anfütterungszeit mit einer Länge von wenigstens 6 bis 8 cm in die Teiche gesetzt, vor allem dann, wenn die Gefahr einer Ansteckung mit dem Erreger der Drehkrankheit (*Myxobolus cerebralis*) gegeben ist, mit dem alte Teiche zumeist verseucht sind. Sollte bei Ihrem Teich die Gefahr einer Ansteckung mit der Drehkrankheit vohanden sein, würde ich raten, die Regenbogenforellen erst mit einer Länge von mindestens 15 cm in einen Erdteich zu setzen. Bachforellen werden zwar befallen, erkranken jedoch nicht.

Gut vorbereitet ist der Teich dann, wenn er imstande ist, Naturnahrung zu bieten, wenn er also mindestens 14 Tage aufgestaut ist. Die Besatzdichte für Bachforellen schwankt in solchen Teichen zwischen 20 und 50 Stück pro Quadratmeter. Für Regenbogenbrütlinge gelten unter den gleichen Voraussetzungen etwa doppelt so hohe Besatzziffern wie für Bachforellen. Bei Haltung der Regenbogenbrütlinge in stark durchflossenen Betonkanälen kann die Besatzdichte stark angehoben werden und mehrere 100 Stück pro Quadratmeter betragen.

Setzlingsbecken und -teiche

DIE FÜTTERUNG

NATURNAHRUNG DER FORELLE

Betrachtet man den Magen-Darm-Kanal einer Forelle, dann wird aus seiner Kürze klar, dass er nur hochwertige, eiweißreiche Nahrung verdauen und verwerten kann. In der Natur, im Bach und im Fluss, sind oft der in Massen vorkommende Bachflohkrebs und die verschiedenen Insektenlarven die Hauptnahrung der Forellen. Natürlich sind auch die Insekten selbst, wenn sie aufs Wasser kommen oder im Sprungbereich über ihm spielen, gern genommene Leckerbissen. Größere Forellen gehen oft zur Fischnahrung über und vertilgen entweder vorhandene Kleinfische, wie Elritzen und Koppen, oder aber auch kleine Artgenossen.

Fließkanalanlage mit Gebläsefutterautomaten

HERKÖMMLICHE FUTTERMITTEL

In den früheren Auflagen dieses Buches wurden von meinem Vater die Möglichkeiten der Forellenfütterung vor der Entwicklung des Trockenfutters beschrieben. Es handelte sich dabei vor allem um die Verwendung von Fleischabfällen, Milz, Leber und auch von Topfen für die Brutaufzucht.

Ab der BSE-Krise war die Verfütterung von Fleischabfällen, aber auch Fleischmehl im Trockenfutter verboten. Es durfte nur mehr Fischmehl als Lieferant tierischen Eiweißes an Fische verfüttert werden. Das bedeutete, dass an Forellen nur das fischmehlhältige Trockenfutter verfüttert werden durfte. Das Verfüttern von Semmeln (Weißbrot) oder Speiseabfällen ist weder gesund für Forellen noch führt es zu einem besseren Wachstum derselben. Semmeln belasten die Tiere unnötig, da sie von Forellen nicht verdaut werden können, und zusätzlich wird das Teichwasser belastet, was zu erhöhtem Algenwachstum führt.

Seit 2017 sind nun wieder Fleisch-, Blut- und Federmehl im Fischfutter erlaubt. Die Europäische Kommission hat sich endlich

Verschiedene Futtermittel

der wissenschaftlichen Meinung angeschlossen, dass BSE bei Forellen nicht vorkommt. Mit dieser Entscheidung werden die Ressourcen an Fischmehl, welches weiterhin als Bestandteil des Trockenfutters essentiell ist, zumindest etwas geschont. Der Fischmehlpreis ist in den letzten Jahren, vor allem durch den massiv gestiegenen Verbrauch in Asien, in die Höhe geschossen.

TROCKENFUTTERMITTEL

Futtergaben abhängig von der Temperatur

Die Futteraufnahme ist nicht immer gleich groß. Der Fisch mit seinem wechselwarmen Blut hat die Temperatur des ihn umgebenden Wassers, weshalb bei sehr niedrigen Temperaturen die Lebensäußerungen stark herabgemindert sind. Weil er nur noch sehr langsam verdaut, darf auch nur entsprechend wenig gefüttert werden. Forellen in der kalten Jahreszeit so viel zu füttern, wie sie aufnehmen, ist zu viel und kann zu deren Tod führen. Mit ansteigenden Temperaturen nehmen die Fresslust und Verdauungsmöglichkeit der Salmoniden deutlich zu. Natürlich nur bis zu dem Grad an Wärme, bei dem sich der Fisch noch wohlfühlt. Bei den Salmoniden, den forellenartigen Fischen, liegt sie bei etwa 20 °C. Optimales Wachstum ist bei Temperaturen von 12 bis 18 °C vorhanden. Im höheren Temperaturbereich (16 bis 18 °C) sollte allerdings ein sehr hoher Durchfluss oder eine Belüftung vorhanden sein, da nur bei genügender Sauerstoffversorgung ein optimaler Zuwachs erreicht werden kann. Durch die Eigenschaft, dass wärmeres Wasser weniger Sauerstoff binden kann, sind die Fische in diesen Temperaturbereichen zwar sehr fresslustig, nach dem Fressen oder in der Nacht kommt es jedoch sehr leicht zu Sauerstoffmangel.

Interessanterweise soll in eingehenden Versuchen die intensivste Futterausnützung, also die beste Verdauung, schon bei ungefähr 9 °C registriert worden sein. Bei den darüberliegenden Temperaturen scheinen die Futtermittel den Verdauungstrakt schon so schnell zu passieren, dass eine restlose Auswertung der Nahrung nicht mehr gegeben ist.

Die meisten der sich zur Zeit auf dem Markt befindlichen Futtermittel sind extrudiert. Diese Futtermittel werden einer Behandlung unterzogen, wodurch sie „aufgebläht“ werden, das heißt, ihre Oberfläche ist porös, sodass die Verdauungssäfte besser angreifen können. Sie können daher auch mehr Fett binden und die vorhandene Stärke ist „aufgeschlossen“. Nur so kann Stärke von Forellen verdaut werden.

Proteingehalt der Trockenfuttermittel

Forellentrockenfuttermittel, deren es eine große Zahl gibt, weil sich die meisten Tierfutterwerke mit ihrer Herstellung befassen, sind Mischfuttermittel und zeichnen sich durch sehr hohe Eiweißgehalte aus. Sie haben einen Rohproteinanteil von 30 bis 50 %, wobei 50 % vor allem bei Brutfutter zu finden ist und sich dann langsam abstuft bis zum Mastfutter. Höhere Konzentrationen werden eher für Lachse und Bachforellen verwendet.

Futterquotienten

Für die Regenbogenforelle hat sich ein Proteingehalt von zirka 40 bis 45 % am besten bewährt, weil Futter mit diesem Gehalt am wirtschaftlichsten ist. Infolge der hohen Eiweißgehalte werden mit Forellentrockenfutter Futterquotienten erreicht, die man in der Tierzucht sonst nicht kennt. Man erzielt bei richtiger Anwendung mit den allermeisten dieser Futtermittel Zunahmen von 1 kg Forellenfleisch bereits nach Futtergaben von 1,3 bis 2 kg Trockenfutter. Futterquotienten daher 1 : 1,3 bis 1 : 2 (!). Bei den früheren Futtermitteln, dem Fisch- oder Warmblüterfleisch, waren hingegen Futterquotienten von 1 : 6 oder bei hohem Wassergehalt auch von 1 : 8 zu verzeichnen. Der Futterquotient wird von den meisten Firmen auf Prospekten oder auf den Säcken angegeben und stimmt unter gewissen Voraussetzungen, vor allem bei richtiger Futterdosierung, meist auch recht genau.

Richtig gewählte Körnung

Eine wichtige Voraussetzung für die Futterannahme ist, dass das Futter in der richtigen Körnung verabreicht wird. Von den Erzeugerfirmen werden Pellets verschiedener Größen erzeugt und in den Handel gebracht, sodass auch die feinsten Körnungen den Brütlingen zur Verfügung gestellt werden können. Wenn man bedenkt, dass ein Forellenbrütling nur etwa ein Zehntelgramm wiegt und ca. 2 cm lang ist, versteht man, wie schwer es war, so ein Futterkorn herzustellen, das in das kleine

Maul passt. Die Nahrung wird ja immer als Ganzes verschlungen, ein Abbeißen oder Zerkauen gibt es bei der Forelle nicht. Mehlige Futtermittel sind nicht geeignet, weil sie sich im Wasser schnell verteilen, es damit verschmutzen und Kiemenschädigungen verursachen.

Für die Verfütterung an Setzlinge stehen praktisch von jeder Futterart Korngrößen von 2 bis 4 mm zur Verfügung. Die Korngröße sollte nie zu groß gewählt werden, damit auch die kleinsten Fische das Futter aufnehmen können. Dadurch wird ein noch stärkeres Auseinanderwachsen als normalerweise verhindert.

Futterpellets in verschiedenen Körnungsgrößen

BERECHNUNG DER FUTTERRATIONEN

Bedingt durch den hohen Proteingehalt, durch vielseitige Zusammensetzung und Vitaminisierung, sind die Preise aller Forellentrockenfuttermittel sehr hoch. Spezialfuttermittel, wie Brutfutter, kosten bis zu 5 Euro pro kg, das Setzlingsfutter für Forellen mit ca. 40 % Rohprotein hat einen Preis von ca. 1,2 bis 1,5 Euro. Es muss also, um sich vor Verlusten zu schützen, mit Bedacht, sparsam und gezielt gefüttert werden. Es ist, wie wir Versuchen ganz klar entnehmen konnten, für die Rendite ausschlaggebend, ob die Futtergaben richtig bemessen werden oder nicht. Zu hohe Rationen haben nicht nur Futterverlust durch Absinken eines Teiles der Körner in den Schlamm zur Folge, sondern verderben den Fischen auch den Appetit, was ein schlechtes Wachstum zur Folge hat. Außerdem geht das nicht gefressene Futter sehr schnell in Fäulnis über und es kann durch Sauerstoffzehrung im Teich zu plötzlichen Fischverlusten kommen. Auch kann dann der Futterquotient so hoch ansteigen, dass der Erlös aus dem Fischverkauf oft gerade noch die Futterkosten deckt.

Um solche Fehler zu vermeiden, haben viele Firmen Tabellen ausgearbeitet, nach denen die täglichen Futterrationen zu berechnen sind.

Da sie sehr anschaulich vor Augen führen, wie

1. die Futteraufnahme von der Wassertemperatur abhängig ist und
2. der Futterbedarf beim heranwachsenden Fisch sinkt,

sei eine solche abgedruckt, um deren Verwendung zu erklären.

Diese Tabelle ist aber nicht für alle Trockenfutter gültig. Sie sollten immer die für Ihr Futter herausgegebene Tabelle des Herstellers verwenden.

FUTTERTABELLE

Richtlinien für die Futtermengen an Trockenfutter

Futtermenge pro Tag in Prozenten des Besatzgewichtes für verschiedene Größenklassen und verschiedene Wassertemperaturen.

Wasser-temperatur	Prozente vom Besatzgewicht							
4 °C	1,7	1,3	1,0	1,0	0,9	0,9	0,8	0,8
6 °C	1,7	1,5	1,2	1,2	1,0	1,0	1,0	1,0
8 °C	2,0	1,5	1,4	1,4	1,2	1,2	1,2	1,2
10 °C	2,5	2,2	1,7	1,8	1,5	1,4	1,4	1,4
12 °C	2,0	2,2	2,0	2,0	1,8	1,5	1,5	1,5
14 °C	2,0	2,0	2,4	2,0	2,0	1,8	1,7	1,6
16 °C	2,0	2,0	2,8	2,3	2,0	1,8	1,7	1,6
	Ungefähre Zahl der Fische je 1 kg							
	200–80	80–40	40–25	25–15	15–10	10–8	8–6	5
	Gewicht in Gramm pro Stück							
	3,8–11	11–25	25–38	38–65	65–90	90–135	135–180	über 180
	Ungefähre Länge in cm							
	7–10	10–13	13–15	15–18	18–20	20–23	23–25	über 25

Beispiel:
10.000 Regenbogenforellen,
13–15 cm lang,
12 °C Wassertemperatur,
315 Kilo Gesamtgewicht.

Aus der Tabelle ersieht man, dass in dieser Fischgröße und bei 12 °C Wassertemperatur 2 % Trockenfutter vom Besatzgewicht eingesetzt werden soll.

2 % von 315 Kilo ergibt eine Futtermenge von 6,30 Kilo pro Tag. Soll die Wachstumsfähigkeit der Forellen restlos ausgenützt werden, dann kann die Futtermenge etwas, höchstens jedoch um 30 %, erhöht werden. Bei der Fütterung ist stets die Wassertemperatur zu beachten. Unter 4 °C soll nicht gefüttert werden. Die in der Tabelle angegebenen Futtermengen stellen nur Faustzahlen dar. Erfahrungen und Beobachtungen des Fischzüchters werden dadurch nicht ersetzt.

Es ist anhand dieser Tabelle nicht schwer, die erste Futterration zu errechnen. Beim Kauf des Besatzes muss man Stückzahl und Gewicht erfahren.

Die Wassertemperatur stellen wir durch Messungen fest. Sie wird in einem gewissen Tagesrhythmus schwanken, den wir festhalten müssen, da wir dessen Mittel der Berechnung zugrundelegen. In der Rubrik, die wir entweder nach der Länge der Setzlinge oder der Stückzahl pro Kilo wählen können, gehen wir aufwärts, um bei der herausgefundenen Durchschnittstemperatur haltzumachen. Da es sich bei der gefundenen Zahl um eine prozentuelle handelt, wissen wir demnach, dass bei einem Fischgewicht von 100 kg z. B. 2,0 kg Futter täglich verabreicht werden müssen. Die Umrechung auf das tatsächlich vorhandene Gewicht bildet keine Schwierigkeit.

Nun sollte man aber alle 14 Tage bis 3 Wochen eine neue Tagesration festlegen, denn erstens hat sich das Gewicht der Fische verändert und zweitens wird auch die Wassertemperatur, bedingt durch Klimaschwankungen, variieren. Die Wassertemperatur immer wieder zu kontrollieren, bereitet keine Schwierigkeiten und kostet nur etwas Zeit. Wie aber ist es mit dem Fischgewicht? Wir können doch unmöglich so kurzfristig abfischen und den gesamten Besatz immer wieder wiegen.

Errechnung des Forellenzuwachses aufgrund der verabreichten Futterrationen

Wir sind also auf das Probefischen, auf Probemessungen und Schätzungen angewiesen, die zu groben Fehlschlüssen verleiten können, weil man nur sehr schwer einen wirklichen Durchschnitt nach Länge und Gewicht herauszufangen vermag. Meist bekommt man ja nur Einzelexemplare zu fassen. Da hilft man sich viel besser mit der Errechnung des Fischgewichtes aufgrund des von der Firma angegebenen Futterquotienten, der bei den derzeit im Handel befindlichen guten Forellenfuttermitteln zumeist zwischen 1,2 bis 1,5 liegt. Wir bewahren uns damit vor teuren und für uns nachteiligen Überschätzungen des Fischbestandes im Teich. Wir gehen vom Mittel, einem Quotienten von 1,4, aus und müssen nur den Futterverbrauch in der letzten 14-tägigen oder dreiwöchigen Periode durch 1,4 dividieren, um das zugewachsene Fischgewicht zu wissen. Zusammen mit dem Ausgangsgewicht ergibt sich das im Teich befindliche Gesamtgewicht, das den Ausgang für unsere Neuberechnung bildet. Fallweise aufgetretene Fischverluste müssen dabei natürlich Berücksichtigung finden.

Bevor wir diese Neuberechnung vornehmen, muss festgestellt werden, ob wir die Werte noch in derselben oder schon in der nächsten Kolonne ablesen müssen. Auch dies fällt nicht schwer, da es uns möglich ist, das durchschnittliche Eigengewicht (Stückgewicht) zu errechnen und damit die Zahl der Fische je Kilo zu ermitteln. Um jedem Zweifel und jeder Unklarheit zu begegnen, mache ich an einem Beispiel den gesamten Vorgang und die Berechnung deutlich.

Berechnungsbeispiel

In einen Teich werden 75 kg Forellen in der Länge von 12 bis 15 cm gesetzt. Da von dieser Größe rund 40 Stück auf 1 Kilo kommen, sind es etwa 3.000 Stück. Das durchschnittliche Stückgewicht ist somit 25 Gramm. Es wird eine Mitteltemperatur von 10 °C im Tag festgestellt und deshalb auf der Tabelle in der 3. Kolonne die Zahl 1,7 abgelesen. Für 100 kg Forellen müßte man demnach 1,7 kg Futter täglich verabreichen. Für 75 kg (75 : 100 x 1,7), sind das 1,27 kg am Tag. Nach 21 Tagen, wenn auch sonntags gefüttert wird, was aber nicht notwendig ist, sind dann 1,27 x 21 = 26,6 kg Futter verabreicht worden. Der Fischzuwachs ergibt unter Zugrundelegung eines

Futterquotienten von 1,4 (26,6 : 1,4) 19 kg. Das Gesamtgewicht des Fischbestandes im Teich errechnet sich nunmehr mit 94 kg. Das Stückgewicht beträgt jetzt 94 : 3.000 = 31,3 g. Nun geben etwa 32 Stück 1 kg. Damit können wir in derselben Kolonne bleiben, weil sie für 40 bis 25 Forellen pro Kilo gilt. Indessen ist aber die Wassertemperatur mit dem Eintritt einer wärmeren Witterung auf 14 °C angestiegen. Wir lesen in der Tabelle 2,4 ab und erhöhen die Tagesration dementsprechend auf 2,25 kg (94 : 100 x 2,4). Wir wiederholen die Berechnung des Futterverbrauches für 21 Tage, wie es in der nachstehenden Tabelle geschieht, und so fort, bis das gewünschte Endgewicht einer Portionsforelle erreicht ist.

Die folgende Tabelle soll das Gesagte verdeutlichen und insbesondere das Verhältnis zwischen Futteraufwand und Fischzuwachs herausstreichen. Bedeutungsvoll ist auch, dass das errechnete Gesamtgewicht der Forellen im Teich bei Probewiegungen immer wieder bestätigt wurde. Die Differenz zwischen dem errechneten und dem auf der Waage festgestellten Gewicht betrug jeweils nur wenige Gramm.

Wassertemperatur	Tabellenwert %	Futtermenge in kg		Fischzuwachs ca. kg	Gesamtgewicht d. F. in kg	Stückgewicht in Gramm	Stück pro kg ca.
		täglich	in 21 Tagen				
10 °C	1,7	1,27	26,6	19	94	31,3	32
14 °C	2,4	2,25	45,25	33,75	127,75	42,5	24
14 °C	2,0	2,55	53	38	165,75	55	18
12 °C	2,0	3,30	69,3	49,5	215,25	72	14
10 °C	1,5	3,23	67,8	48,5	263,75	88	11
10 °C	1,5	3,95	83	59,25	323	107	9
8 °C	1,2	3,8	79,8	57	380	127	8
8 °C	1,2	4,5	94,5	67,5	447,5	150	6,5
8 °C	1,2	5,4	113,4	81	528,5	180	5,5

Es ist ihr aber auch zu entnehmen, dass der voraussichtliche Futterbedarf einer bestimmten Fischmenge errechnet werden kann, was einen gezielten Futterankauf ermöglicht und davor bewahrt, dass Futter einer zu kleinen Körnung übrigbleibt und bei zu langer Lagerung verdirbt oder an Wert verliert. Die Temperaturen werden wohl aufgrund der jahreszeitlich bedingter klimatischen Verhältnisse so weit vorausgesagt werden können, dass grobe Fehlansätze die Berechnung nicht fehlleiten.

Obwohl viele Fabriken das Trockenfutter bereits in Plastiksäcken liefern, muss es doch vor Feuchtigkeit geschützt werden. Wegen seines hohen Proteingehaltes ist es leicht verderblich. Verschimmeltes Futter darf nicht verfüttert werden, da dies zur Erkrankung und zum Tod der Fische führen kann. Eine zu lange Lagerung kann zu einem Abbau der Vitamine im Futter führen, weshalb man nicht zu große Mengen auf Vorrat legen soll. Auf den Sackanhängern ist das Erzeugungsdatum und Ablaufdatum vermerkt. Die Lagerfähigkeit des Trockenfutters beträgt bei kühler, trockener Lagerung etwa ein halbes Jahr.

FÜTTERUNG BEI EXTREMEN TEMPERATUREN

Die Tabellenwerte können, das ist ebenfalls aus vielen Versuchen hervorgegangen, um 30 % überschritten werden, sofern eine genügende Sauerstoffversorgung vorhanden ist. Die Fütterung gestaltet sich auch mit diesen Werten über den Sommer bei entsprechend günstigen Temperaturen noch rentabel. Es kann ja sein, dass wir mit diesen erhöhten Gaben den Verkauf einer Partie Forellen noch in der Saison erreichen können und deshalb die Fütterung forcieren müssen. Im Winter sind aber die Tabellenwerte nie zu überschreiten und es kann nur geraten werden, wesentlich unter diesen zu bleiben und bei sehr tiefen Temperaturen von nur wenigen Graden die Fütterung tageweise oder ganz einzustellen. Dasselbe gilt aber auch für Temperaturen von über 18 °C, die für Forellen als hoch zu bezeichnen sind. Auch unter diesen Voraussetzungen sind die Futterrationen einzuschränken oder hat die Fütterung sogar auszusetzen. Bei sehr sparsamer Fütterung ist es möglich, den Futterquotienten sogar auf sehr niedrige Werte von 1 : 0,9 bis 1,0 herabzudrücken. Dem Wohlbefinden und der Gesundheit des Fischbestandes ist damit sicher gedient, doch hat man in diesem Fall eine etwas längere Aufzuchtszeit hinzunehmen. Eine über die Tabellenwerte hinausgehende starke Fütterung kann die Aufzuchtszeit sicherlich verkürzen, kann aber auch die Gesundheit gefährden und den Futterquotienten erhöhen.

Jeder Landwirt ist heute gezwungen, genauestens zu kalkulieren, um sein Kapital richtig einzusetzen und zu einem Wirtschaftserfolg zu kommen. Ganz besonders trifft dies auf den Betriebszweig Forellenzucht zu, weil das sehr teure Futter ausnahmslos gekauft werden muss und nicht im eigenen Betrieb erzeugt werden kann. Der ungenaue und unvorsichtige Betriebsführer kann sich nur allzu leicht um die Rendite bringen, weshalb nicht eindringlich genug auf die Wichtigkeit verwiesen werden kann, diese Ausführungen zu studieren und zu beachten.

KLEINE ODER GROSSE FUTTERGABEN?

Es erhebt sich natürlich auch die Frage, wie oft am Tage zu füttern ist, also ob die gesamte errechnete Futtermenge den Fischen auf einmal verabreicht werden soll oder ob dies in mehreren kleinen Gaben zu geschehen hat. Je kleiner die Fische sind, desto öfter soll ihnen Futter angeboten werden. Die einzelnen Futtergaben werden also bei Brütlingen sehr klein sein müssen, während bei großen Setzlingen oder heranwachsenden Portionsforellen auch mehr Futter auf einmal gegeben werden kann. Es vermindern sich ja auch, wie die Futtertabelle gezeigt hat, die prozentuellen Tagesrationen beim Heranwachsen der Forellen von etwa 5 bis auf weniger als 1 %. In unseren Fütterungsversuchen an Setzlingen haben wir geprüft, ob sich ein Unterschied im Futterquotienten ergibt, wenn die tägliche Futtergabe über einen Automaten in oftmaligen Raten oder mit der Hand morgens und abends ausgestreut wird. Es konnte bei der Auswertung auch nicht der geringste Unterschied festgestellt werden. Darum stehe ich der Behauptung skeptisch gegenüber, dass es richtig sei und die besten Erfolge zeitige, fünfmal am Tag zu füttern. Wer in langjährigen Versuchen erfahren hat, wie der Futterkoeffizient immer wieder etwas schwankt, wobei Witterungseinflüsse, das damit verbundene Naturnahrungsangebot und auch andere Faktoren ihn beeinflussen, der wird nicht daran glauben können, dass so geringe Differenzen, wie sie durch solch einen Versuch nur erwartet werden können, eindeutig festzustellen sind.

Stehen den Fischen allerdings nur knappe Sauerstoffmengen, etwa durch geringen Wasserzufluss oder starke Erwärmung des Wassers, zur Verfügung, so sollte man, um zu heftige Sauerstoffschwankungen zu vermeiden, zumindest in zwei Gaben die Tagesration verabreichen. Nach der Fütterung erhöht sich der Sauerstoffverbrauch massiv. Sauerstoff ist ein begrenzender Faktor in der Futterverwertung und Sauerstoffmangel belastet (stresst) die Fische und macht sie anfälliger für Krankheiten.

DAS FÜTTERN VON HAND

Beim Füttern muss man sich Zeit lassen und beobachten. Nach jedem Wurf soll man warten, bis alles Futter verzehrt ist, was ja bei dichtem Besatz schnell der Fall ist, bevor man neuerlich Futter einstreut. Auf diese Weise ist es bei größeren Forellen auch möglich, die gesamte Tagesration auf einmal zu verabreichen. Zum manuellen Füttern am Teich bedient man sich bei Brütlingen am besten eines flachen Löffels, während man größere Forellen mit einer Handschaufel füttert.

MECHANISIERUNG DER FÜTTERUNG

Uhrwerks- und Pendelautomaten

Überall in der landwirtschaftlichen Produktion sind die Arbeitskräfte knapp geworden, daher hat die Mechanisierungswelle auch auf die Forellenzuchten übergegriffen. Aber auch alle jene, für die die Forellenteiche nur ein Hobby sind, werden froh sein, die Fütterung mechanisieren bzw. automatisieren zu können, und gerade die Fütterung der Brütlinge beansprucht besonders viel Zeit. Allerdings gibt es aber gerade für die Brütlinge eine Reihe recht brauchbarer Fütterungssysteme. Es gibt Einrichtungen, die das Futter kontinuierlich mit Hilfe eines Förderbandes abgeben, und andere, die öfters mehr

Betriebsbereiter Uhrwerksfutterautomat

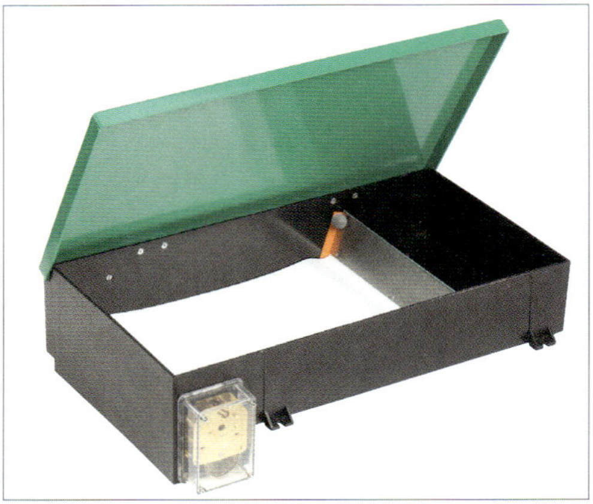

Uhrwerksfutterautomat mit sichtbarem Uhrwerk

oder minder große Futtergaben auswerfen. Zu den erstgenannten gehören die Uhrwerksautomaten. Sie haben verschiedene Vorteile gegenüber anderen Systemen. Sie sind verhältnismäßig billig und können von guten Bastlern selbst hergestellt werden. Sie lassen sich leicht transportieren und sind somit nicht an einen bestimmten Standort gebunden, sondern überall einsetzbar, wo sie gerade benötigt werden, am Brutbecken oder auch am Teich. Ihre Konstruktion ist sehr einfach. Das Werk einer mechanischen Weckeruhr, an dem kleine Veränderungen vorgenommen werden

Uhrwerksautomat am Teich, mit Stein beschwert, damit der Wind ihn nicht verweht.

müssen, um einen schnelleren Ablauf herbe zuführen und damit auch die Zugkraft etwas zu erhöhen, treibt ein leichtes Förderband, auf welches das Futter aufgeschüttet wird. In einem Zeitraum von etwa acht Stunden streut es, über die Antriebswelle laufend, durch einen schmalen Spalt das Futter auf das Wasser.

Nachteilig ist, dass keine größeren Futtermengen aufgenommen werden können, es sei denn, man arbeitet mit stärkeren Uhrwerken und größeren Dimensionen, was den Automaten natürlich wieder unhandlich werden lässt. Als weiterer Nachteil ist der Umstand anzusehen, dass das Futter nur auf sehr beschränktem Raum aufs Wasser gebracht wird, wo bald die stärksten Fische stehen und die kleineren verdrängen. Ein stark differenziertes Anwachsen ist die Folge.

Vielfach finden so genannte Pendelautomaten Verwendung. Sie sind so konstruiert, dass aus dem über der Teichfläche angebrachten Futterbehälter eine geringe Menge Futter ins Wasser fällt, wenn ein aus dem Behälter ins Wasser hängendes Pendel von den Fischen berührt wird. Die Fische erlernen es sehr bald, sich durch Pendeln selbst mit Futter zu bedienen. Die Erfahrungen mit diesen Automaten sind verschiedenartig. Während die einen das Gerät loben, weil ihrer Meinung nach bei richtiger Einstellung eine sparsame Fütterung erreicht wird und somit ein niedriger Futterquotient, meinen die anderen, der Automat sei unwirtschaftlich, weil durch die Selbstentnahme ein hoher Futterquotient unvermeidlich sei. Bei großer Fresslust im Sommer dürften Erstere Recht haben, in kalten Teichen die Letzteren. Sicher ist, dass man sie nur bei genügendem Sauerstoffangebot benützen sollte, da sich die Fische meist binnen kürzester Zeit vollfressen. Gibt es in der Fischzucht Enten oder Gänse, so muss einem klar sein, dass man diese Vögel mit dem teuren Fischfutter mitmästet.

Solarbetriebener Futterautomat

Gebläsefutterautomat

Es gibt auch Futterautomaten, die mit Solarzellen betrieben werden. Da besonders größere Forellen, die mehr als 12 bis

15 cm groß sind, durchaus nicht regelmäßig gefüttert werden müssen und ohne Weiteres auch einige Tage ohne Futter auskommen, wie das bei sehr trübem Wetter der Fall sein kann, weil dann die Solarzellen keine Energie liefern, kann man diese Apparate vor allem denen empfehlen, die nur an wenigen Tagen der Woche ihren Forellenteich aufsuchen können.

Druckluftautomaten

Ein weiteres erprobtes System stellt die Verwendung von Druckluft für die Automation der Fütterung dar.

Über eine Rohr- oder Druckschlauchleitung wird die Druckluft vom Kompressor zu den Futterbehältern geleitet. Den Futterbehältern wird ruckweise eine zu regulierende Futtermenge entrissen und diese wird dann weit ausgestoßen.

Der Vorgang wird über eine elektrische Uhr gesteuert, die sowohl täglich den Beginn und die Beendigung der Fütterung selbsttätig regelt als auch die Länge und Häufigkeit des Futterausstoßes je nach Einstellung reguliert. Man kann je nach Größe und Menge der in den einzelnen Teichen befindlichen Fische die Futtermengen dosieren, indem man den Futterbehälter verdreht, wobei so die Ausstoßöffnung vergrößert oder verkleinert wird. Sowohl eine Reihe von Anfütterungsbecken als auch Teiche können mit dieser Anlage vollautomatisch gefüttert werden. Jede einzelne Futterstelle kann separat aus- oder eingeschaltet werden.

Trotz dieser gut durchdachten Einrichtungen empfiehlt es sich doch, die für die einzelnen Teiche errechneten Futtermengen täglich in die Behälter zu füllen, besonders dann, wenn die einzelnen Teiche mit Fischen verschiedenen Alters besetzt sind und demnach auch sehr unterschiedliche Besatzgewichte zeigen. Eine genaue Rationierung der täglichen Ausstreuungen ist in diesem Fall kaum zu erreichen. Inzwischen werden diese Anlagen elektronisch gesteuert und man muss vor allem die Füllmenge kontrollieren. Eine Beobachtung der Fische bei der Futteraufnahme sollte regelmäßig stattfinden, da man so eine Überfütterung oder auch eventuell beginnende Krankheiten rechtzeitig sehen kann.

Pendelautomat

Ein Nachteil solcher Anlagen sind die hohen Kosten, die sie verursachen, doch wenn damit eine Arbeitskraft eingespart werden kann, amortisiert sich diese Investition recht schnell. Die gute und gleichmäßige sowie großflächige Futterverteilung über den Teich ist der große Vorteil dieser Anlagen.

Fließkanal mit Futterautomaten

Neuerdings gibt es für sehr große Anlagen ebenfalls mit Pressluft arbeitende Futterkanonen, die, am Teich entlangfahrend, das Futter auswerfen. Da bei diesem Verfahren die Futterdosierung noch nicht ganz gelöst erscheint und nur Großbetriebe für diese Geräte Verwendung haben, braucht darauf nicht näher eingegangen zu werden. Jedenfalls ist zu erwarten, dass findige Köpfe noch weitere Techniken der automatischen Fütterung erfinden bzw. die vorhandenen verbessern werden.

DAS ABFISCHEN

Es gibt natürlich verschiedene Möglichkeiten, einen Teich aus- oder abzufischen, wie der in Fischerkreisen gebräuchliche Ausdruck lautet:

1. Durch das Abfangen unter Verwendung von Netzen oder
2. mit eigens dafür geschaffenen Fangvorrichtungen beim Ablassen des Teiches.

Teiche, die stark besetzt und gut durchflossen sind, werden von den Fischen pflanzen- und algenfrei gehalten, sodass der Einsatz von Netzen beim Abfischen keine Schwierigkeiten bringt. Das Netz wird darum die schnellste und beste Art der Befischung eines Teiches sein. Es ist aber sicher auch das richtige Werkzeug für eine Probe- oder Teilbefischung.

BESCHAFFENHEIT DES NETZES

Das Netz des Forellenteichwirtes soll einerseits nicht zu grobmaschig sein, damit kleinere Fische nicht in den Maschen hängenbleiben, andererseits auch aus nicht zu grobem Garn, um die Fängigkeit nicht zu beeinträchtigen. Eine Maschenweite von 6 mm ist schon für kleine Setzlinge ab 6 cm Länge verwendbar, für Forellen ab 12 cm bis zum Portionsfisch wird eine solche von 10 bis 12 mm richtig sein. Das Netz soll neben den Flügeln auch einen Sack haben, der einer größeren Anzahl Forellen Platz bietet.

In Fließkanälen wird man ein Sacknetz ohne Flügel verwenden. Sind tiefe, senkrechte Wände vorhanden, wird man es mit

Verschiedene Kescher für Brut, Setzlinge und Speisefische

Stangennetz mit Sack für Becken und Fließkanal

Zugnetz für Naturteich

Auskeschern aus dem Zugnetz

Hilfe von zwei Stangen durch den Kanal bewegen.

Das Herauskeschern der Forellen aus dem Zugnetz ist, wenn eine größere Anzahl Fische dem Teich entnommen werden soll, eine harte Arbeit. In großen Fischzuchten verwendet man deshalb recht erfolgreich für diese Arbeit ein für diese Zwecke besonders eingerichtetes Vakuumfass, das die Fische ansaugt. Die in der Landwirtschaft in Verwendung stehenden Güllefässer können nach einem entsprechenden Umbau dafür verwendet werden.

Inzwischen gibt es auch Fischpumpen, die gut funktionieren, aber teuer sind und vor allem in Fließkanalanlagen gut eingesetzt werden können. Sie in andere Teiche zu versetzen, ist aufwändig und nur für große Fischmengen sinnvoll.

In großen, veralgten oder verkrauteten Teichen wird mit Netzen nicht viel anzufangen sein. Die Fadenalgen verlegen die Maschen und beeinträchtigen die Fängigkeit oder machen sie ganz zunichte. Auch jeder Bewuchs von anderen Unterwasserpflanzen hat zur Folge, dass sich das Netz einrollt und wirkungslos darüber hinwegstreicht. Solche Teiche müssen daher mit der anderen Methode, durch Einsatz geeigneter Abfischvorrichtungen vor oder hinter dem Mönch, befischt werden.

ABFISCHVORRICHTUNGEN

Die angenehmste und beste, weil schonendste Methode des Abfischens größerer Naturteiche ist die, die Fische am Auslaufrohr unterhalb des Teiches abzufangen, wenn sie mit dem abfließenden Wasser ausschwimmen. Das geht allerdings nur bei dementsprechendem Gefälle.

Dafür gibt es verschiedene Vorrichtungen, die von den Fischern meist selbst gebastelt werden. Sie bestehen aus mehr oder minder großen Siebkästen, deren Siebe natürlich der im Teich befindlichen Fischgröße angepasst sein müssen. Die Größe des Kastens selbst wird von den zu erwartenden Mengen ausschwimmender Schmutzstoffe bestimmt, doch muss sie um der Handlichkeit willen immer beschränkt bleiben. Der Kasten wird direkt unter das Auslaufrohr gestellt und aus ihm werden die ankommenden Forellen herausgekeschert.

Abfischkasten hinter dem Teich

Besonders schön gefärbter Bachsaibling

Diese bringen durch ihre Bewegungen natürlich Schlamm, Wasserpflanzen und andere Verunreinigungen mit, die die Gitter verlegen, sodass sie dauernd gereinigt werden müssen.

Dadurch besteht die Gefahr des Verletzens der Fische, die ja leider erst im letzten Moment, aber dann gehäuft den Teich verlassen.

Darum empfiehlt es sich, den Gitterkasten nicht direkt an das Auslaufrohr anzuschließen, sondern ein horizontales Sieb einzuschalten, auf dem Schmutzstoffe, Holzstückchen usw. von den Fischen getrennt werden können. Gegen das seitliche Abspringen der Fische ist dieses Sieb an beiden Seiten mit einem niederen Brett versehen. Die auf dem Sieb liegenbleibenden Forellen werden entweder mit der Hand oder mit einem kleinen Brettchen zurück in den Siebkasten befördert. Die Fische kommen also schon vorgereinigt in den Gitterkasten, der, im abfließenden Wasser stehend, größere Mengen aufzunehmen vermag. Auf diese Weise geht das Abfischen auch sehr großer und verschlammter Naturteiche reibungslos vor sich.

Vorsorgende Maßnahmen beim Abfischen

Dass genügend Behälter mit reinem Wasser für die Aufnahme der Fische vorhanden sein müssen, in die sie umgesetzt werden können, versteht sich von selbst. Sie müssen entweder mit Sauerstoff belüftet oder, wo vorhanden, mit Frischwasser versorgt werden, wobei ein Umlaufgraben für die Frischwasserversorgung ideal ist.

Wenn nicht an Ort und Stelle gleich sortiert wird und Frischwasser nicht zur Verfügung steht, ist alles für den sofortigen Abtransport schon vor Beginn des Abfischens vorzubereiten.

Da das Abfischen die Fische besonders stark belastet, ist dieses möglichst schonend und sorgfältig durchzuführen, um größere Verluste zu vermeiden. Ganz ohne Verluste wird es ja meist nicht abgehen, besonders wenn kleinere Setzlinge größeren Naturteichen entnommen werden. Bei dieser Methode sollte darauf geachtet werden, dass das Teichwasser und das Transportwasser nicht zu große Temperaturunterschiede aufweisen. Auch sollte nicht an sehr heißen Tagen gefischt werden, damit sich das am Schluss nur noch seichte Wasser nicht zu schnell erwärmt und die Fische zusätzlich stresst.

ANDERE ABFISCHMETHODEN

Es kann natürlich sein, dass die Gegebenheiten ein Abfischen weder mit dem Netz noch nach der beschriebenen Methode zulassen. In diesem Fall ist nur noch das Herauskeschern der Fische unmittelbar vor der Ablaufvorrichtung, nach vorsichtigem Ablaufenlassen des Wassers, möglich. Hier leistet eine nach Möglichkeit ausgezimmerte Fischgrube vor dem Ablauf ausgezeichnete Dienste, da sich die Fische dort gern sammeln und daran gehindert werden, aus Angst oder Atemnot in den Schlamm hinauszufahren, von wo sie oft gar nicht mehr oder nicht rechtzeitig zurück und in Sicherheit gebracht werden können.

Ich habe deshalb vom vorsichtigen Ablassen gesprochen, weil in seicht auslaufenden und schlammigen Naturteichen bei zu schnellem Wasserlauf viele Fische zurückbleiben und zum Schluss bei stärkerer Wassertrübung sogar, wie oben beschrieben, wieder zurück in den Schlamm schwimmen oder springen.

Abfischen gemischter Fischbestände

Einen gemischten Karpfen- und Forellenbesatz meinte man früher nicht empfehlen zu können, doch sind große Teiche von vielen Hektar Wasserfläche dazu durchaus geeignet, wenn sie sich im Sommer nicht zu sehr bis in die Tiefe erwärmen und nicht allzu große Schlammmengen vorhanden sind. Die Ausnutzung der Naturnahrung ist bei einem Mischbesatz sicher am besten gegeben. Das Abfischen ist durch Einrichtung einer oben beschriebenen Fischgrube ohne größere Verluste möglich. Wider Erwarten ziehen sich die Forellen lange vor den Karpfen in diese Grube zurück und können so vor und getrennt von diesen herausgefischt werden. Erst ganz zum Schluss kommen die Karpfen herein und werden erst nach der Versorgung der Forellen gefischt.

Auch über das Abfischen mit Hilfe des elektrischen Stromes ist einiges zu sagen. Grundsätzlich ist diese in den letzten Jahrzehnten mit Erfolg geübte Art des Fischfanges in den meisten Ländern verboten worden, weil sie erstens gefährlich ist und zweitens auch ihrem Missbrauch vorgebeugt werden muss.

Elektrofischerei

Die Elektrofischerei eignet sich am besten für das Abfischen kleinerer Gerinne oder Bäche. Sie ist dort unentbehrlich geworden, wo die Möglichkeit besteht, in kleinen, fruchtbaren Wasserläufen Natursetzlinge zu ziehen. Mit ihrer Hilfe sind diese Gerinne zu wertvollen Produktionsstätten für die Aufzucht von Jungfischen aus Brütlingen geworden.

In größeren und tiefen sowie stark verkrauteten Gewässern wird man kein totales Abfischen durchführen können, wie es in den obengenannten Wasserläufen möglich ist. Vor allem die Tiefe setzt den Möglichkeiten der Elektrofischerei Grenzen. Das gilt auch für das Abfischen von bespannten Teichen: Da der Fisch jede Fluchtmöglichkeit nutzt und der Wirkungsbereich des elektrischen Stromes für eine erfolgreiche Fischerei sehr beschränkt ist, wird man immer nur einzelner Individuen habhaft werden, aber nie zu einem Gesamtabfischen des Besatzes gelangen.

Erst dann wird man sich der Elektrofischerei beim Abfischen eines Teiches bedienen, wenn nach dem Ablassen noch wasserführende Gerinne übrigbleiben, in denen sich noch Fische aufhalten.

Da die Elektrofischerei nur von einer geprüften und mit dieser Materie vertrauten Person und im Freigewässer nur nach Bewilligung der Landesregierung durchgeführt werden darf, gehe ich nicht genauer auf diese Art des Fischens ein. Wer sich der Elektrofischerei bedienen möchte, muss einen entsprechenden Kurs in einem Fischereiinstitut besuchen.

DIE ABWASSERBELASTUNG DURCH FORELLENZUCHTANSTALTEN

In den letzten Jahrzehnten ist die Abwasserbelastung unserer Gewässer in einem Maß angestiegen, dass man dagegen etwas unternehmen musste. Neben den großen Wasserverschmutzern, wie sie die meisten Industriebetriebe, aber auch die größeren menschlichen Ansiedlungen darstellen, wurde auch die Landwirtschaft mit ihren Intensivkulturen und ihrer Massentierhaltung als Gewässerbelaster erkannt. Eine starke Verschmutzung des Vorfluters wurde bei den Forellenteichwirtschaften nur bei größerem Abfischen und bei der Teichreinigung festgestellt. Die Forellenzuchten, die ihre Fische in Fließkanälen halten und aufziehen, belasten ein Gewässer ständig, vor allem aber dann ganz besonders, wenn der Wasserstand in den Kanälen abgesenkt wird.

Sowohl in unseren Nachbarländern als auch hier in Österreich versucht man nun, die Abwassersituation wesentlich zu verbessern und die Gewässer so rein wie möglich zu erhalten. Dazu werden Verordnungen oder Gesetze erlassen, mit deren Hilfe eine Minimierung der in ein Gewässer gelangenden Schad- und Schmutzstoffe erreicht werden soll. Für alle Emissionen, für jede Art der Gewässerbelastung also, sollen Werte gefunden und festgelegt werden, die nicht überschritten werden dürfen. Um eine möglichst umfangreiche Reduzierung des Schadstoffeintrages zu erreichen, müssen demnach Einrichtungen geschaffen werden, die dies ermöglichen. Da sowohl für Teichwirtschaften als auch für Fließkanalanlagen bereits recht wirksame Kläreinrichtungen erstellt und erprobt werden konnten, werde ich diese kurz beschreiben und anhand von Planskizzen und Fotos näher erläutern.

In Forellenteichwirtschaften fällt das belastete Wasser fallweise an, wenn Teiche nach dem Abfischen gereinigt werden, indem man den meist schottrigen Grund abspritzt und auf diese Weise von Ablagerungen reinigt. Untersuchungen der Bundesanstalt für Wassergüte haben gezeigt, dass die nachstehend beschriebenen und anhand von Skizzen erläuterten baulichen Maßnahmen einen sehr hohen Reinigungsgrad bewirken.

Das betonierte Absatzbecken ist durch einen Schotterfilter in 2 Zonen geteilt und besitzt an seinem Ende in Zone 2 einen mönchartigen Ablauf mit Staubrettern. Das bei der Teichwaschung anfallende Schmutzwasser wird in die Zone 1 ein-

Schlammbeseitigungseinrichtung für eine Forellenteichanlage

gepumpt und sickert durch den Filter in Zone 2, die wesentlich kleiner dimensioniert ist. Aus der Skizze ist zu ersehen, dass eine Einfahrtsrampe für einen Traktor mit Frontlader eingerichtet wurde, mit dem der abgesetzte und etwas abgetrocknete Schlamm entfernt werden kann. Man kann den Schlamm zum Beispiel aus Platzgründen oder nicht vorhandenem Frontlader auch seitlich mittels eines Greifers entnehmen und verladen. Mit dem Wegfall der Rampe spart man Kosten, da statt der

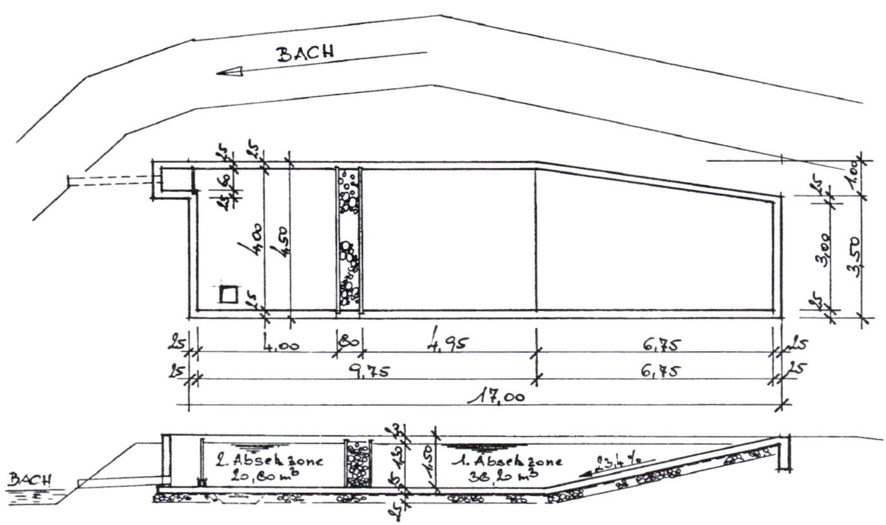

Skizze einer Schlammbeseitigungseinrichtung

Rampe in einer Entfernung von rund 8 m vom Filter weg eine senkrechte Wand errichtet werden kann.

Eine weitere Möglichkeit der Schlammausbringung kann durch Güllefässer erfolgen. Dafür muss allerdings etwas Wasser zugepumpt werden und mit einem Güllemixer so weit verflüssigt werden, dass der Schlamm angesaugt werden kann. Die Schlammmenge erhöht sich so zwar, aber die Ausbringung auf landwirtschaftliche Flächen ist einfacher.

Da der Schotter im Filter recht grob sein kann, sind auch seine Seitengitter in starken, grobmaschigen Gittereinsätzen auszuführen. Es empfiehlt sich, diese leicht herausnehmbar im Becken einzufügen, um ein Waschen des Schotters nach längerem Gebrauch der Anlage leichter durchführen zu können.

Es hat sich gezeigt, dass die Entfernung des Schlammes aus der Klärgrube nur ein- bis zweimal jährlich erfolgen muss, obwohl rund 30 Teiche und Becken auf einem Areal von rund 1,2 ha in sie hineingespült werden. Der Schlamm ist natürlich frei von schädlichen Stoffen und ist in der Landwirtschaft gut als Dünger verwendbar.

Weiters hat sich gezeigt, dass ein Ablassen der Zone 2 nicht notwendig ist und man das gereinigte Wasser einfach durch die nicht ganz dicht sitzenden Staubretter in den Vorfluter sickern lassen kann, wodurch die Belastung des Vorfluters auf ein Minimum herabgesetzt wird.

Neben dem Klärbecken bedarf es also nur noch einiger Pumpen und einer festen oder fliegenden Leitung zum Klärbecken. Fließkanäle sind im Normalfall so dicht besetzt, dass durch die Schwimmbewegung der Fische die Exkremente ausgeschwemmt werden. Es ist daher notwendig, hinter eine Fließkanalanlage ein Klär- bzw. Beruhigungsbecken anzuschließen, damit sich der Schlamm dort absetzt. Dieser muss dann von Zeit zu Zeit entleert werden.

Da es sich bei der Abwasserreinigung um ein europaweites Problem handelt, haben sich einige Firmen, die Produkte für die Aquakultureinrichtungen erzeugen, auch mit diesen Problemen befasst, so dass ständig neue Produkte auf den Markt kommen. Teilweise werden auch für kleinere Anlagen Trommelfilter vorge-schrieben.

Sollte man derartige Einrichtungen vorgeschrieben bekommen, kann man sich einige Betriebe mit solchen Einrichtungen ansehen bzw. Fischereimessen besuchen, wo die neuesten Produkte ausgestellt werden.

DIE SORTIERUNG

URSACHEN DES AUSEINANDERWACHSENS

In dichtbesetzten Teichen ist ein gewisses Auseinanderwachsen gleichaltriger Forellen nie zu verhindern. Nur ganz große Naturteiche mit reichlichem Angebot natürlicher Nahrung bringen sehr gleichmäßig abwachsende Forellen hervor. Bei unsachgemäßer Fütterung, wie z. B. schlechter Futterverteilung, Verabreichung falsch dosierter Futtergaben oder Verwendung zu großer Körnung, kann das Auseinanderwachsen extreme Formen annehmen. Dabei können die so genannten Vorwüchser nach einigen Monaten das vielfache Gewicht der immer weiter zurückbleibenden Außenseiter haben. Eine Sortierung wird also immer wieder notwendig sein.

Sortierwippe im Einsatz

Sie ist aber auch deswegen unumgänglich, weil Forellen verschiedener Größe auch verschiedene Preise haben. Gleichgültig, ob nach Stück oder Gewicht verkauft wird, die einzelnen Größen und Preisklassen müssen aussortiert werden, wenn ein reelles Geschäft durchgeführt werden soll.

Größenklassen

Die nachstehende Tabelle zeigt, welche Sortimente meist gehandelt werden und mit welchen Stückzahlen pro Gewichtseinheit gerechnet werden kann. Bei genauer Sortierung haben Käufer wie Verkäufer die Sicherheit, bei einem Kauf bzw. Verkauf nach Gewicht auch die entsprechende Stückzahl erworben oder geliefert zu haben.

Größenklassen	Stückzahl je Kilogramm	Durchschnitt
5–7 cm	660–270	465
7–9 cm	270–120	195
9–12 cm	120–50	85
12–15 cm	50–30	40
15–20 cm	30–10	20
20–25 cm	10–5	7,5
über 25 cm	5–1	3

Für die Sortierung kleinerer Mengen stehen verschiedene Geräte zur Verfügung. Sie alle arbeiten nach demselben Prinzip.

Unterscheidung der Geschlechter

Forellen bestimmter Länge haben auch ein bestimmtes Gewicht und einen ganz bestimmten Umfang. Je kleiner sie sind, desto genauer stimmt das Verhältnis. Erst bei Fischen von etwa 25 cm Länge aufwärts, und vor allem dann, wenn sich die Geschlechtsmerkmale ausbilden, ergeben sich größere Differenzen, weil das Männchen gedrungener, kürzer und hochrückiger, das Weibchen aber insgesamt runder und langrückiger ist. Man kann das Weibchen mit seinem runden Kopf und seinem runden Leib als tropfenförmig bezeichnen, während das Männchen eher die Gestalt eines schnittigen Schiffsrumpfes hat. Bei der Regenbogenforelle sind auch diese Merkmale stärker ausgeprägt als bei der Bachforelle.

LÄNGEN- UND GEWICHTSVERHÄLTNISSE

Länge	Gewicht	Länge	Gewicht	Länge	Gewicht
4 cm	0,5 g	13 cm	25 g	22 cm	125 g
5 cm	1,0 g	14 cm	30 g	23 cm	140 g
6 cm	2,0 g	15 cm	35 g	24 cm	160 g
7 cm	3,0 g	16 cm	45 g	25 cm	175 g
8 cm	5,0 g	17 cm	55 g	26 cm	200 g
9 cm	7,5 g	18 cm	65 g	27 cm	225 g
10 cm	10 g	19 cm	80 g	28 cm	250 g
11 cm	13 g	20 cm	90 g	29 cm	275 g
12 cm	17 g	21 cm	110 g	30 cm	300 g

Diese Tabelle bezieht sich auf Regenbogenforellen, die einen Konditionsfaktor von 1,1 bis 1,2 aufweisen.

Bei Bachforellen ist dieser Faktor geringer anzusetzen, denn er liegt bei 1 eventuell sogar etwas darunter. Dies ist zu berück-

Sortierwippe mit Setzlingen

Sortierwippe im Sortierbecken mit drei Abteilen

sichtigen, wenn das Gewicht einer Bachforelle nach ihrer Länge berechnet wird.

Das Gewicht einer Forelle lässt sich auch aufgrund ihrer Länge annähernd berechnen. Multipliziert man ihr Längenmaß in Zentimetern zweimal mit sich selbst (z. B. 6 x 6 x 6 = 216), so erhält man eine drei- bis fünfstellige Zahl, von der man die beiden letzten Stellen streicht. Die stehenbleibende Zahl gibt das Gewicht in Gramm an. Bei größeren Forellen über 30 cm und darüber wird die Berechnung ungenau.

Das bei jungen Forellen sehr konstante Verhältnis von Länge zu Umfang hat zur Konstruktion der Sortierapparate geführt. Die Fische werden gesiebt und damit auch ihrer Länge nach sortiert. Um möglichst viele Sorten mit einem Apparat aussortieren zu können, wurden Sortierkästen hergestellt, bei denen man den Abstand der Stäbe, die den Sortierrost bilden, verändern kann. Durch einen kleinen Hebel, der auf einem Raster feststellbar ist, wird dies bewerkstelligt.

Beim Scharflinger Sortierer wird der gleiche Effekt durch das Verschieben der Seitenwände des Kastens erzielt. Auch bei diesem sorgt ein Raster dafür, dass der Apparat von Millimeter zu Millimeter festgestellt werden kann. Diese Vorrichtungen verleiten dazu, durch mehrmaliges Verstellen der Zwischenwände mehrere Größen im selben Arbeitsgang auszusortieren. Davon rate ich ab, weil diese Methode nicht nur zeitraubend ist, sondern auch die nötige Genauigkeit vermissen lässt. Abgesehen davon, dass beim Verstellen und Einrasten ein sachbedingtes Spiel vor der neuerlichen Fixierung eine gewisse Ungenauigkeit mit sich bringt, ist auch immer die Gefahr gegeben, dass man die richtige

Sortierwippe mit auswechselbaren Einsätzen (oben); verstellbares Handsortiergerät (rechts)

Einstellung nicht trifft oder der Hebel nicht richtig einrastet. Es wird also besser sein, entweder in zwei getrennten Arbeitsgängen die sich gewöhnlich ergebenden drei Sorten auszulesen oder aber gleich zwei Apparate zu verwenden.

Die beste, weil leistungsfähigste Methode für kleinere und mittlere Forellenzüchter scheint mir die Verwendung von Kästen aus Kunststoff zu sein, die mit auswechselbaren Gitterrosten verschiedener Zwischenräume ausgestattet sind. Hintereinandergeschaltet, indem man die Fische von einem in den anderen Kasten leert, erzielt man bei großer Genauigkeit eine größere Zahl von Sortimenten in einem zeitsparenden Vorgang.

Wenn man die Fische nicht zu lange unsortiert beisammen lässt, wird es genügen, drei Größen herzustellen. Eine jedes Halbjahr durchgeführte Sortierung ist da völlig ausreichend.

Kleinere Mengen an Speisefischen sortieren wir auch schnell einmal mit der Hand, da man sich das lange Einstellen der Sortiermaschine erspart und die Wippe bei großen Forellen oft nicht sehr genau ist.

In seinem Buch „Die Praxis der Forellenzucht" beschreibt der Verfasser Earl Leitritz eine Sortiermethode, die mir kaum sehr zielführend zu sein scheint, denn man wird auf diese Weise kaum eine reinliche und vollständige Trennung der Fische in zwei Größen erreichen können. Mit Hilfe eines Netzes werden die in einem Fließkanal befindlichen Forellen gegen ein Gitter getrieben, welches die kleineren durchschwimmen können, während die größeren dahinterbleiben müssen. Sicher werden immer wieder kleinere nicht durchfinden und bei den größeren verbleiben.

Italienische wie auch französische und deutsche Firmen stellen Sortiermaschinen her. Die großen Forellenbetriebe Italiens verwenden einen fahrbaren, geschickt konstruierten Apparat. Gegenläufig rotierende und verstellbare Stäbe mit einer leichten Neigung, auf die die Forellen aufgebracht werden, sortieren selbsttätig in zwei übereinanderliegenden schiefen Ebenen mehrere Fischgrößen bei einer Stundenleistung von vielen Zentnern. Eine intensive Wasserbespülung sorgt neben der Nasshaltung der Maschine auch für den Abtransport der sortierten Forellen in

Sortierstation mit Hälteranlage für die verschiedenen Fischgrößen

Sortiermaschine in Betrieb

bereitgestellte Becken oder in die zur Aufnahme der Fische vorgesehenen Teiche.

Die französische Maschine sortiert mit Hilfe feststehender Metallgrate, deren Abstand ebenfalls verändert werden kann. Das Gefälle dieser Grate nach einer Richtung hin sowie die ständige Besprühung derselben und die Vibration des ganzen Apparates lassen die Fische so lange abrutschen, bis der Gratabstand sie durchfallen lässt. Auch die Leistung dieser Maschine ist groß und ihr Einsatz ist für die Sortierung großer Setzlingsmengen zu empfehlen. Da die Maschinen recht kostspielig sind, bleibt die Verwendung auf größere Betriebe beschränkt.

DER TRANSPORT LEBENDER FISCHE

SCHAUKELFÄSSER

Es ist verständlich, dass man schon immer versucht hat, Fische lebend im Wasser zu transportieren; sei es, um in fischleere Gewässer neues Leben zu bringen oder die Fische einer Hälterung und dem Verbrauch möglichst frisch zuzuführen. Um das Transportwasser mit dem von den Fischen benötigten Atemsauerstoff zu versorgen, wandte man verschiedene Methoden an bzw. man benützte verschiedene Behälter. Zuerst verwendete man längliche, gewölbte Holzgefäße, „Schaukelfässer" genannt, die durch Schaukeln das Wasser in Bewegung brachten und so die Sauerstoffversorgung aus der Luft bewerkstelligten. Natürlich durften sie nie bis zum Rand gefüllt werden. Sie ähnelten in ihrer Form den immer noch gebräuchlichen Lageln oder Panzen der Seenfischer.

Fässer für den Bahnversand

Der Bahnversand ist nicht mehr aktuell. Bei Erstausgabe dieses Buches war er bereits zu teuer, da die Sondertarife (es musste nur das Gewicht der Fische und des Wassers, aber nicht das Gewicht des Fasses und der Sauerstoffflasche bezahlt werden) gefallen waren. Einige Zeit später hat die Bahn die Beförderung lebender Fische und letztendlich auch die Beförderung lebender Fischeier ganz eingesellt.

Die Fässer, die damals verwendet wurden, sollen kurz gestreift werden, um die historische Entwicklung des Fischtransportes zu veranschaulichen.

Es wurden Holzfässer verwendet, die, um dicht zu bleiben, immer feucht gehalten werden mussten. Für die Sauerstoffversorgung waren kleine 7-Liter-Stahlflaschen im Inneren befestigt, um sie, vor allem aber den Druckminderer, vor unbefugten Zugriffen zu schützen. Die Ausströmer bestanden aus porösen Kohlestäben.

AUTOTRANSPORT

Der hohe Wasserbedarf bei Forellentransporten ergibt zusammen mit dem Gewicht des Fasses und des Sauerstoffgerätes eine ungewöhnlich hohe Tara. Daher hat sich der Lebendfischtransport komplett auf die Straße verlagert. Heute holen die Kunden kleine Mengen meist mit ihrem Pkw selbst ab. Dazu werden die Fische entweder in Plastiksäcke oder in kleine Behälter gepackt, die im Kofferraum gut Platz finden. Passende Behälter, denen eine kleine Sauerstoffflasche beigelegt wird, werden von verschiedenen Firmen für diesen speziellen Zweck erzeugt und angeboten.

Größere Forellentransporte werden heute ausnahmslos mit Lastwagen durchgeführt. Während die Amerikaner, laut vorhandener Literatur, vielfach mit Tankwagen arbeiten, werden in Europa meist Wagen verwendet, auf deren Ladefläche mehrere Kunststoffbehälter, hintereinander aufgereiht, transportiert werden. Diese durften lange Zeit offen bleiben, nur ein Gitter hat die Fische am Herausspringen oder Herausgeschwemmtwerden gehindert, was eine Beobachtung und Kontrolle bezüglich der Sauerstoffversorgung jederzeit leicht möglich gemacht hat. Vor einigen Jahren wurde diese Bestimmung geändert. Um Seuchenverbreitung durch ausschwappendes Wasser zu verhindern,

Pick-up mit Transportfass

Kunststoffbehälter für den Transport verschieden großer Fischmengen

Moderner, praxisgerechter Transportbehälter

Anhänger mit Transportfässern

müssen die Transportbehälter mit Deckeln verschlossen werden.

Der Sauerstoff wird in großen Stahlflaschen mitgeführt, die gewöhnlich in einer Batterie gleich hinter dem Führerhaus untergebracht sind. Die neuesten LKWs sind bereits mit einem Flüssigsauerstofftank unterwegs. Man spart damit Gewicht und hat gleichzeitig eine viel größere Sauerstoffmenge zur Verfügung.

Kleinere bis mittlere Betriebe sind mit einem Pick-up gut bedient. Er hat im Normalfall ein Allradgetriebe, sodass man auch steile und schlechte Schotterstraßen bewältigen kann. Mit einem entsprechend ausgerüsteten Anhänger kann man auch aufrüsten und Fischmengen bis zu 600 kg transportieren.

Für den innerbetrieblichen Transport eignen sich so genannte Hoftracks mit speziellen, gut mit Schleuse zu entleerenden Fässern am besten. Im Idealfall sind sie noch mit einer Waage ausgerüstet. Wie bei den Bruthauseinrichtungen hat der viel leichtere, besser zu reinigende Kunststoff das früher für Fässer und Transportbehälter gebräuchliche Holz völlig verdrängt.

Die Dosierung des Sauerstoffs ist eine Erfahrungssache. Es ist zwar möglich, die ausströmende Sauerstoffmenge festzustellen und dem wahrscheinlichen Verbrauch der Fische anzupassen, doch ist dies einerseits zeitraubend und andererseits mit einem Unsicherheitsfaktor verbunden, denn verschiedene, nicht voraussehbare Umstände können die Berechnung beeinflussen. Weder die Dauer des Transportes noch die Einwirkung der Außentemperatur auf die Temperatur des Wassers kann mit Sicherheit vorausberechnet werden. Es ist also empfehlenswert, mit einem möglichst großen Sauerstoffvorrat zu arbeiten, schon deshalb, weil der Sauerstoff billig ist und eine Einsparung in keinem

Hoftrack mit Transportfass und Waage

Verhältnis zu dem Risiko steht, Fische zu verlieren.

Für den Sauerstoffbedarf der Fische ist vor allem die Temperatur des Wassers maßgebend. Je wärmer es ist, desto intensiver sind die Lebensvorgänge der so genannten Kaltblüter, womit der Sauerstoffbedarf natürlich stark ansteigt. Auch die einem Transport immer vorangehenden Hantierungen, wie das Fangen, das Wiegen und das Versetzen in die engen Transportbehälter, bewirken eine starke Erregung der Fische, was zu Anfang des Transportes einen deutlich erhöhten Sauerstoffverbrauch nach sich zieht. Da nicht die gesamte einströmende Gasmenge vom Wasser gelöst werden kann, sondern ein erheblicher Verlust durch große, rasch aufsteigende Blasen entsteht, kann der Nutzeffekt nur mit 10, höchstens 20 % angegeben werden. Es muss also mindestens fünfmal, ja besser noch achtmal so viel Sauerstoff ins Wasser geblasen werden, als von den Fischen tatsächlich verbraucht werden kann.

SAUERSTOFFVERBRAUCH DER FORELLEN

Dieser Verbrauch wird bei den Salmoniden im Temperaturbereich von 0 bis 5 °C mit 10 bis 80 ccm angegeben, von 5 bis 10 °C beträgt er etwa 100 bis 250 ccm und steigt bei 10 bis 15 °C bis auf etwa 500 ccm pro Kilo und Stunde an. Allerdings sind die Angaben in der darüber vorhandenen Literatur nicht einheitlich.

Es empfiehlt sich, Einrichtungen zu schaffen, die es ermöglichen, die Forellen viele Stunden vor Durchführung des Transportes schon zu laden und in den Versandbecken auf dem Auto vorerst mit Frischwasser zu versorgen. Die Fische gewöhnen sich so an die neue Umgebung und beruhigen sich, sodass sie bei Transportbeginn nicht mehr unter Stresseinwirkung stehen, wenn sie auf die Versorgung mit Sauerstoff aus den Stahlflaschen umgestellt werden. Falls das natürliche Gefälle des Wasserzulaufes zur Speisung der verladenen Transportbehälter nicht ausreicht, kann ein vertiefter Platz für das Transportfahrzeug gerichtet werden. Dass für das überlaufende Wasser eine Abflussmöglichkeit geschaffen werden muss, sei der Vollständigkeit halber noch erwähnt.

VORBEREITUNG DER FISCHE FÜR DEN TRANSPORT

Kühlung des Transportwassers

Da ein erhöhter Stoffwechsel den Sauerstoffverbrauch ansteigen lässt, ist die Forderung, Fische vor jedem Transport einige Zeit hungern zu lassen (bei langen Transporten bis zu fünf Tage), mehr als berechtigt. Diese Maßnahme soll ja auch eine zu große Verschmutzung des Wassers durch Ausscheidungsprodukte verhindern.

Von den im Tiertransportgesetz vorgesehenen Befähigungsnachweisen sind Fische ausgenommen. Im Österreichischen Tierschutzgesetz dagegen findet sich ein Hinweis auf den tierschutzgerechten Transport.

Einen Transport mit Wasser von mehr als 15 °C Wärme sollte man nicht vornehmen, besonders, wenn es sich um Forellen handelt. Der Sauerstoffbedarf ist hier so hoch, dass kaum noch genug Sauerstoff zugeführt werden kann. Verluste während und vor allem nach der Lieferung sind in diesem Falle kaum vermeidbar. Steht kein anderes Wasser als solch ein warmes zur Verfügung, dann muss es durch Beigabe von Eis abgekühlt werden. Die Abkühlung muss langsam erfolgen, wobei sich die Fische schon in dem abzukühlenden Wasser befinden müssen. Zu schnelles und zu starkes Herabsetzen der Temperatur schädigt sie und zieht Verluste nach sich. 25 kg Eis kühlen 1.000 Liter Wasser um ca. 2 °C Grad ab. Diese Abkühlung wird ohne Schaden ertragen. Eine stärkere müsste in mehreren Etappen und möglichst im Zeitraum von Stunden erfolgen.

Dem erhöhten Sauerstoffbedarf der Kaltblüter steht eine verminderte Sauerstoffbindungsfähigkeit des Wassers bei Erwärmung gegenüber. Auch dies sollen einige Zahlen illustrieren.

SAUERSTOFFÜBERSÄTTIGUNG

Während in sehr kaltem Wasser 8 bis 12 ccm und auch noch mehr im Liter gelöst sein können, sind im Bereich von 10 bis 15 °C nur noch ca. 7 bis 9 ccm Sauerstoff in Lösung zu halten. Schon aus diesen Gründen ist eine möglichst niedrige Wassertemperatur anzustreben.

Eine Übersättigung mit Sauerstoff, die die Fische zum Absterben bringen kann, ist aber eventuell möglich. Bei Forellen sollen Sättigungen von mehr als 13 ccm am Liter zum Tode führen. In meiner jahrzehntelangen Praxis sind mir aber nur zwei Fälle in Erinnerung, wo die so genannte Gasbläschenkrankheit angeblich infolge Gesamtgasübersättigung in einem Hydrobion aufgetreten sein soll.

Es hat sich unterdessen herausgestellt, dass auch sehr hohe Übersättigungen, sogar von mehr als 30 mg pro Liter, keinesfalls zum Tode der Fische, sondern vielmehr zu erhöhter Lebendigkeit und besonders freudiger Futteraufnahme führen. Vielleicht haben solche Vorkommnisse zu einer anfänglichen Ablehnung des Hydrobions durch manche Fischer geführt. Offenbar führte zu starke Sauerstoffzufuhr über einen sehr fein arbeitenden Kohleverteiler bei geringem Besatz des Fasses an Brütlingen oder kleinen Setzlingen zum Tode derselben.

Öfter kommt eine Übersättigung und daraufhin ein meist als rätselhaft bezeichnetes Fischsterben in mit Leitungswasser gespeisten Aquarien vor. Bei starkem Wasserverbrauch und Absinken des Wasserspiegels in den Vorratsbehältern der Leitung wird fallweise Luft eingesogen und es kommt zu einer Übersättigung. Das leicht erkennbare Zeichen ist ein dem Hahn milchtrüb entströmendes Wasser, das sich in einem Becken aber bald klärt.

Auch in Teichen wurde schon eine Übersättigung mit nachfolgendem Tod der Fische beobachtet. Sehr starke Algenvorkommen können in kühlen, klaren Teichen durch ihre Assimilation sehr viel Sauerstoff produzieren. Es kommt dadurch zu enormen Schwankungen des Sauerstoffgehaltes zwischen Tag und Nacht und ebensolchen des pH-Wertes des Wassers und zur biogenen Entkalkung (das Wasser im Teich wird milchig), was bei den Forellen zur Erblindung und auch zum Tod führen kann.

In einem schnellfließenden Gewässer ist eine Übersättigung nicht zu fürchten, weil bewegtes Wasser den im Übermaß vorhandenen Sauerstoff schnell wieder abgibt.

VERHÄLTNIS VON FISCHGEWICHT ZUR WASSERMENGE

Aber nicht nur die Temperatur, auch das Alter und die Größe der Fische beeinflussen den Sauerstoffbedarf. Bei Brütlingen und einsömmrigen Setzlingen ist er größer als bei zweisömmrigen und älteren Fischen. So wird man auch die Transportwassermenge bei ersteren größer wählen als bei den letzteren. Für Salmoniden nimmt man wenigstens die fünffache Wassermenge des Fischgewichtes und erhöht sie bei einer Transportdauer von mehr als zehn Stunden und bei Kleinfischen bis auf das Zehnfache. Bei Brütlingen geht man besser noch darüber. Bei Cypriniden jedoch kann das Verhältnis Wasser : Fischgewicht ruhig 1 : 1 betragen. Es ist zu beachten, dass nicht der gesamte im Wasser gelöste Sauerstoff den Fischen zur Verfügung steht bzw. von ihnen genutzt werden kann.

Jede Fischart hat eine für sie charakteristische kritische Sauerstoffkonzentration, bei der entweder der Tod eintritt oder zumindest eine Notatmung einsetzt. Wer schon mit Fischen umgegangen ist, kennt die hochstehenden, an der Wasseroberfläche luftschnappenden, also notatmenden Fische. Während die Regenbogenforelle auch noch bis zu einem gewissen Grad die Notatmung übt, ist sie bei Bachforellen kaum zu beobachten. Diese sterben bei zu geringer Belüftung meist sehr schnell ab. Schleien können den vorhandenen Sauerstoff meist restlos auswerten. Jedenfalls leben sie noch, wenn er im Wasser kaum noch nachgewiesen werden kann. Bei den Karpfen liegt der kritische Punkt bei einer Konzentration von etwa 0,5 ccm im Liter, bei den Forellen aber bei 2,5 ccm.

TRANSPORT IN PLASTIKSÄCKEN

Schon ziemlich lange transportiert man Zierfische in Plastiksäcken. Neben einer verhältnismäßig kleinen Wassermenge wird reiner Sauerstoff eingefüllt. Durch jede Erschütterung und Bewegung reichert sich das Wasser mit diesem an und es ist erstaunlich, wie gut diese Methode funktioniert. Kleine Mengen von Besatz- oder Speisefischen kann man ohne Weiteres ebenso transportieren. So ein Sack, der für diesen Zweck etwa die Größe von 50 mal 100 oder 60 mal 120 cm haben soll, kann, mit etwa 20 bis 30 Liter Wasser und reinem Sauerstoff gefüllt, über 1 bis 2 Stunden gefahrlos einige kg Portionsfische oder Setzlinge oder einige Tausend

„Verkaufsstation“ mit Waage und Sackbindegerät

Zubinden des Transportsackes (oben); für den Transport fertig befüllter Sack mit Forellensetzlingen (rechts)

Brütlinge aufnehmen. Wichtig ist, dass das Material nicht zu steif ist und dass es sich leicht binden lässt, damit ein Entweichen des Sauerstoffes verhindert wird. Diese Säcke sind sehr stabil und reißfest. Einzig spitze Gegenstände sollten nicht mit dem Sack in Berührung kommen, da dann die Gefahr des Zerreißens besteht. Ein mit einer Decke ausgelegter Kofferraum oder ein „Maltaschaffl" – Mörtelwanne, eine größere Wanne – bieten idealen Schutz.

Bei allen Hantierungen mit Fischen, besonders aber beim Transport, sind Gewissenhaftigkeit, Vorsorge und Sorgfalt unerlässlich.

NEUE TECHNOLOGIEN

KREISLAUF- BZW. TEILKREISLAUFANLAGEN

Für die Forellenzucht eignen sich reine Kreislaufanlagen nicht. Anlagen ohne ständig zumindest geringen Zulauf gibt es gar nicht, da ja ständig ein Teil verdunstet. Solche Anlagen werden vor allem für Warmwasserfische, die keine hohen Anforderungen an die Wasserqualität stellen, in Hallen eingerichtet.

Teilkreislaufanlagen werden auch für Forellen propagiert. Hier sollten zumindest 20 % des benötigten Wassers ständig erneuert werden.

Solche Anlagen sind nur für professionelle Betreiber möglich. Die Investitionssummen sind enorm und es gibt bisher bei Forellen nur einige wenige funktionierende und auch rentabel arbeitende Anlagen.

Die Aussage eines der wenigen funktionierenden Kreislaufanlagen Betreibers möchte ich erwähnen: „Wer eine Kreislaufanlage erfolgreich betreiben will, muss ein guter Fischzüchter, aber ein noch viel besserer Klärwart sein.“ Mein Rat daher für jene, die diesen risikoreichen Weg gehen wollen: Klein anfangen, Erfahrung sammeln, am besten zuerst versuchen, in einem solchen Betrieb zu lernen oder zumindest ein paar Monate zu praktizieren, und erst danach das viele Geld investieren und hohes Risiko auf sich nehmen. Die Vorfinanzierung des Fischbestandes ist lang und Forellen sind Lebewesen und keine Produkte. Sie sterben schnell und lautlos und haben in diesem Moment ihren gesamten Wert verloren.

AQUAPONIK

... ist ein Schachtelwort aus Hydroponik (Gemüseanbau auf Wasser) und Aquakultur. Es handelt sich also um ein Kreislaufsystem, bei dem die Stoffwechselprodukte von Fischen die Nährstoffe für Pflanzen liefern. Solche Systeme gibt es zu kaufen, sind aber für Hobbyzüchter viel zu teuer. Kleine Anlagen können geschickte Bastler selbst bauen. Forellen sind dafür allerdings nicht geeignet. Nehmen Sie dafür Warmwasserfische, die keine hohen Ansprüche an die Wasserqualität stellen.

DIE VERMARKTUNG

WICHTIGKEIT STÄNDIGEN ANGEBOTES

Gegenüber anderen landwirtschaftlichen Produktionsarten hat die Forellenzucht den Vorteil, dass sie an gutes Wasser gebunden ist. Gutes, für die Forellenproduktion geeignetes Wasser ist nicht in solchen Mengen vorhanden, dass dieser Betriebszweig ins Uferlose ansteigen kann. Die Nachfrage nach dem weißen, fettarmen, gut verträglichen Forellenfleisch ist in stetem Ansteigen begriffen. So ist im Großen und Ganzen die Nachfrage dem Forellenangebot immer vorausgeeilt, wenn auch mancherorts und mancherzeit die Produktion nicht schnell genug abgesetzt werden konnte und damit ein örtlicher Preisverfall einherging. Dazu muss aber gleich gesagt werden, dass den Forellenproduzenten die Werbung lange Zeit unbekannt war und Kundenwünsche nur in beschänktem Ausmaß Berücksichtigung fanden. Gerade dieser Umstand, dass die Erzeugnisse der Forellenzüchter nur für kurze Zeit saisonweise zur Verfügung standen, hat den Absatz gehemmt.

Hälteranlage für verkaufsbereite Setzlinge

„Auskeschern“ speisefertiger Saiblinge aus einem Zugnetz

Die Verwendung hochwertiger Futtermittel und der ständige Ausbau der Hälteranlagen hat diese Situation verändert, und heute stehen dem Kunden nahezu das ganze Jahr über alle Größen von Brut und Setzlingen wie auch Speisefische zur Verfügung. Sehr früh und sehr spät laichende Regenbogenforellenstämme und die Erbrütung mit erwärmtem oder gekühltem Wasser haben ebenso dazu beigetragen.

Dazu kommt, dass das ursprüngliche Bild der freien Gewässer immer mehr verändert wird und so der natürlichen Vermehrung der Forelle durch Einschränkung der Laichwanderung, der Laichmöglichkeiten und der Brutstätten immer engere Grenzen gesetzt sind, sodass die Ausweitung der Besatzfischerzeugung immer notwendiger wird. Eine ständig wachsende Zahl von Angelfischern, Menschen, denen die Betätigung am Gewässer als Ausgleich zu ihrer sonst sehr naturfernen Lebensweise ein Bedürfnis ist, dezimiert darüber hinaus mit ständig raffinierteren Methoden die Edelfischbestände, die deshalb immer wieder ergänzt und aufgefüllt werden müssen.

In den letzten Jahren hat auch das vermehrte Auftreten von Fischottern, Kormoranen, Reihern und Schwarzstörchen zu einer gewaltigen Reduktion des natürlichen Auftretens von Forellen und Äschen im Fließgewässer geführt.

AUFGABEN DER FORELLENZUCHT IN ÖSTERREICH

Die Forellenzucht hat demnach in Österreich zwei Aufgaben zu erfüllen:

1. die Erzeugung der benötigten Besatzfische für die Fließgewässer,
2. die Versorgung der Bevölkerung und der ins Land kommenden Gäste mit Speisefischen.

Unter diesen Voraussetzungen ist eine erhöhte Forellenproduktion in Österreich sicher zu befürworten. Trotz einer im Allgemeinen günstigen Absatzlage ist doch der einzelne Produzent gezwungen, den Absatz der Ware zu organisieren. Es ist bestimmt zu spät, erst bei Einbruch des

Winters und angesichts der Gefahr des Einfrierens an die Vermarktung zu denken oder gar erst dann, wenn die gängige Portionsgröße von etwa 30 dag längst überschritten ist.

Für Eier, Brut und Setzlinge wird sich jeder Erzeuger einen eigenen Kundenstock erwerben oder die Zusammenarbeit mit anderen Züchtern suchen müssen.

SCHWIERIGKEITEN ÜBERBETRIEBLICHER ZUSAMMENARBEIT

Vom rein geschäftlichen Standpunkt aus gesehen, wird es besser sein, die Zahl der Kunden nicht auf das Ausmaß der eigenen Produktion zu beschränken und über die voraussichtliche Eigenerzeugung hinausgehende Aufträge nicht abzulehnen, also im Bedarfsfall zuzukaufen. Dass dies aber immer mit Risiken verbunden ist, muss ebenso klar sein. Die Entscheidung darüber, welches Risiko man in Kauf nimmt, muss jeder für sich treffen. Beim Zukauf riskiert man die Einschleppung von Krankheiten usw., kauft man nicht zu, besteht die Gefahr, dass man einmal die eigenen Erzeugnisse vielleicht nicht absetzen bzw. verwerten wird können. Der an und für sich richtige Gedanke einer gemeinsamen Verwertung der Produktion, etwa durch eine Genossenschaft, scheint mir für die Vermarktung lebender Produkte kaum durchführbar zu sein. Erfahrene Züchter warnen vor der Vermischung von Forellenbeständen verschiedener Herkunft, weil dies krankheitsfördernd ist. Außerdem wirkt die von verschiedenen Produzenten stammende Ware uneinheitlich und unausgeglichen, denn die Produktionsbedingungen und -verhältnisse unterscheiden sich schon allein durch die großen klimatischen Unterschiede der einzelnen Erzeugungsstätten außerordentlich stark voneinander. Forellen verschiedener Herkunft in getrennten Hältern aufzubewahren, ist unwirtschaftlich und würde überdies wohl dazu führen, dass einige Produkte bevorzugt verkauft, andere aber weniger gut abgesetzt werden könnten. Vor allem würden etwaige Beanstandungen der Ware sicher zu Schwierigkeiten und Differenzen innerhalb der Verkaufsorganisation führen, weil es kaum möglich wäre, eindeutig nachzuweisen, wessen Versäumnis oder wessen Schuld zur Reklamation führte. Wer wollte aber dann für einen eventuellen Schaden aufkommen?

Über eine Absatzorganisation kann man dagegen recht erfolgreich die Verwertung geschlachteter Forellen, die tiefgefroren oder mittels anderer Methoden konserviert werden, durchführen, wie es in den Ländern der Großproduktionen, in Dänemark, Japan, den Vereinigten Staaten und auch in Italien, geschieht. In Österreich haben sich auch ein paar Verarbeiter etabliert.

Der Kleinverkauf von Speiseforellen ist auf vielfältige Art durchführbar.

Der Betrieb in günstiger Verkehrslage wird seine Waren entweder küchenfertig, d. h. ausgenommen und gewaschen, frisch geschlagen, filetiert oder geräuchert dem Letztverbraucher direkt anbieten. Dasselbe gilt für mitten in Fremdenverkehrsgebieten gelegene Produktionsstätten.

Die in den letzten Jahren vermehrt entstandenen Bauernmärkte bieten für etwas abgelegenere Betriebe Absatzmöglichkeiten.

Auch etliche Gastwirte sind auf regionale Produkte umgestiegen und kaufen nicht nur billig importierten Fisch im Großmarkt.

DAS SCHLACHTEN DER FORELLEN

Ein ständig stark ansteigender Wasserzins zwingt vor allem die Gastronomie dazu, auf die Aufstellung von Aquarien zur Lebendhaltung von Forellen zu verzichten und sich der bereits geschlachteten, küchenfertigen Forellen zu bedienen. Auch Personalknappheit trägt zu dieser Entwicklung bei.

Damit sind wieder die Forellenproduzenten gezwungen, die Vermarktung geschlachteter und küchenfertig gerichteter Forellen durchzuführen. Die Tötung der Fische durch Betäubungsschläge auf den Hinterkopf ist eine zeitraubende Arbeit, weshalb dann, wenn es gilt, größere Mengen von Forellen zu schlachten, die Betäubung mittels eines elektrischen Schlages geschieht. Dazu bedarf es aber einer speziellen Einrichtung, die man sich mit Hilfe eines Elektrikers selbst anfertigen kann. Auch das elektrische Schweißgerät lässt sich dazu verwenden. Ein Gefäß für die Tötung der Fische wird dazu halbvoll mit Wasser gefüllt. Es soll natürlich aus Kunststoff und der Menge der zu tötenden Forellen angepasst sein. Der Strom aus der Steckdose muss entsprechend umgewandelt werden, um die damit hantierenden Personen nicht zu gefährden. Die Stromstärke muss auf etwa 120 bis 160 Ampere angehoben und die Spannung auf 40 bis 45 Volt abgesenkt werden. Es gibt solche Geräte auch fertig zu kaufen.

Geübte Kräfte vermögen erstaunliche Leistungen beim Zurichten küchenfertiger Forellen zu erbringen. Dabei wird zumeist der Fisch vom After aufwärts aufgeschlitzt, daraufhin der Schlund durchtrennt und die Innereien herausgenommen. Der Daumennagel oder ein Teelöffel reißt anschließend die Haut über der als schwarzer Belag entlang der Wirbelsäule erkennbaren Niere auf und entfernt auch sie. Unter fließendem Wasser werden Blut und Reste der Innereien fortgewaschen, womit die Forelle für die weitere Zubereitung zugerichtet ist. Es sind aber auch schon kleine Geräte am Markt, die diese Arbeit erleichtern können. Ein kleines Messer durchtrennt erst Kehle und Schlund, schlitzt die Forellen von oben nach unten ebenfalls an der Bauchseite auf und saugt die Innereien mittels Vakuum in einen eigenen Behälter ab. Die Maschine besteht natürlich aus rostfreiem Material.

Bei der **Direktvermarktung** von Speiseforellen und verarbeiteten Produkten derselben (z. B. Räucherforellen) sind Sie verpflichtet, gewisse Hygienestandards einzuhalten. Diese sind im Lebensmittelsicherheits- und Verbraucherschutzgesetz (LMSVG) bzw. dessen Verordnungen festgelegt. Dieses Gesetz ist für alle Lebensmittelproduzenten bindend und daher sehr ausführlich und schwer zu lesen. Es ist einfacher, die neuesten Bestimmungen

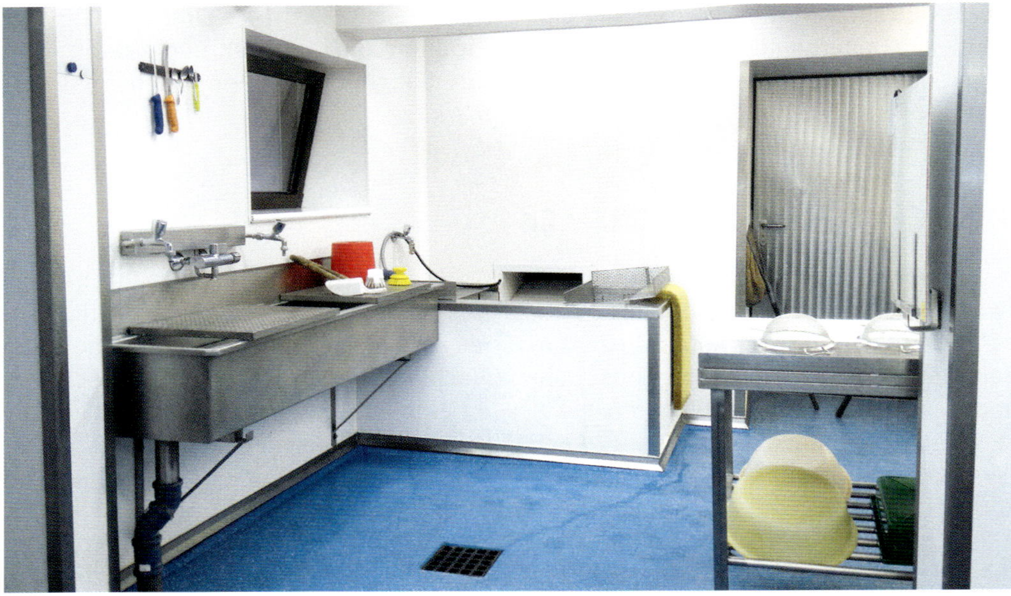

Schlachtraum: Fischbecken mit der Öffnung zum Einbringen der Fische (hinten) und Rinne, in der die Fische ausgenommen und gewaschen werden (links).

Filetiertische

Schaumreinigungsgerät für eine genaue, aber zeitsparende Reinigung.

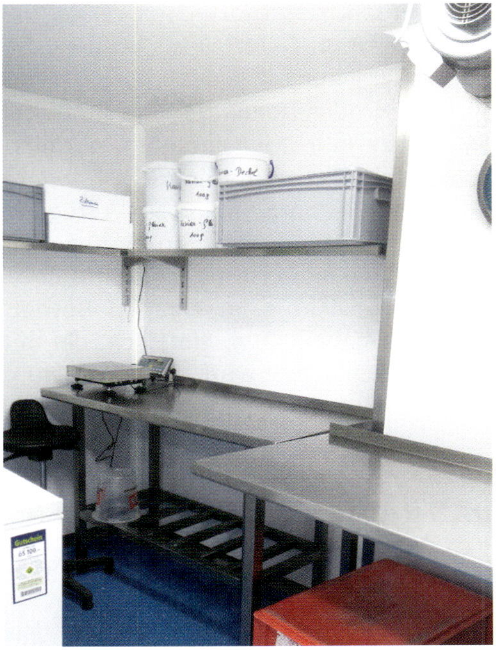

Arbeitstisch mit kleiner Waage für die Produktion von Aufstrichen bzw. das Abfüllen von Kaviar.

Verkaufsraum

bei Ihrer landwirtschaftlichen Vertretung zu erfragen. In Österreich sind dies die Bauernkammern.

Müssen oder wollen Sie Ihre Produkte das ganze Jahr über anbieten, so müssen Sie rechtzeitig dafür sorgen, immer genügend Eigenproduktion zur Verfügung zu haben. Als Eigenproduktion gelten Forellen, die mindestens die Hälfte ihres Schlachtgewichtes im eigenen Betrieb erworben haben. D. h. ein Fisch, der mit 300 g geschlachtet wird, muss mit 150 g zugekauft worden sein.

Kaufen Sie fertige Speisefische zu, so haben Sie wesentlich höhere Hygieneanforderungen zu erfüllen. Dies gilt auch, wenn Sie Ihre Forellen an Wiederverkäufer (ausgenommen Einzelhandel) abgeben. Sie unterliegen dann der Lebensmittelhygiene-Einzelhandelsverordnung (LMHyg-Eh-V).

Von der Homepage des BM für Gesundheit (www.verbrauchergesundheit.gv.at) kann der „Leitfaden für eine gute Hygienepraxis für die Schlachtung und Verarbeitung von Fischen aus Wildfang oder eigener Aquakultur“ heruntergeladen werden.

DAS RÄUCHERN DER FORELLEN

Die ständig und stark ansteigende Nachfrage nach geräucherten Forellen erfordert es, auf diese Zubereitungsmethode und Vermarktungsmöglichkeit näher einzugehen. Zum Räuchern eignen sich vor allem sehr gut genährte Forellen, die schlanken Bach-

Räucherforellen im Ofen

Räucherforellenfilets

Verpackte Räucherwaren

fische dagegen weniger, weil das Endprodukt dann nicht genügend saftig ist. Für den Räuchervorgang müssen die Forellen entsprechend vorbereitet werden. Wie das Schlachten und die Entfernung der Innereien vor sich geht, wurde bereits beschrieben. Für die Räucherung werden meist auch noch die Kiemen herausgeschnitten, da von ihnen nach dem Aufhängen im Ofen oft noch blutiger Schleim abrinnt und sich unschön auf der Haut absetzt. Eine Notwendigkeit zur Entfernung der Kiemen besteht aber nicht.

Weil die geräucherte Forelle ohne weitere Zubereitung essbereit ist, muss sie vor dem Räuchern gesalzen werden. Das Einreiben mit Salz, sowohl außen als vor allem auch innen, und das anschließende Einwirkenlassen des Salzes für 1 bis 2 Stunden genügt zwar, doch ist es besser, die Forellen etwa 8 Stunden lang, am besten über Nacht, in eine 12 bis 14%ige Salzlösung zu legen. Die Sole kann mit etwas Wacholderbeeren und Lorbeerblättern und eventuell auch noch anderen Gewürzen versehen werden, notwendig ist dies aber nicht. Nach der Entnahme aus der Sole werden die Fische nochmals gründlich gewaschen, wobei die Schleimhaut weitgehend entfernt wird, was zu einer schönen goldgelben Farbe der geräucherten Forellen beiträgt.

Die Forellen werden kurz und heiß geräuchert, weshalb sich Selchkammern, wie sie in alten Bauernhäusern oder bei Fleischhackern zu finden sind, für das Forellenräuchern nicht eignen. Die Räuchertemperatur soll wenigstens 90 °C, besser aber kurzzeitig auch über 100 °C ansteigen. Nach 1,5 bis 2 Stunden können die fertigen Räucherforellen dem Räucherofen entnommen werden und sind ohne jede weitere Behandlung nach Entfernung der Haut und des Kopfes essbereit. Die Räucherzeit variiert je nach Ofen sehr stark und ist daher Erfahrungssache. Die Forellen lassen sich, wenn richtig geräuchert wurde und sie nicht trocken sind, auch sehr gut und schnell filetieren. Es gibt auch kleine Öfen und Geräte zum Räuchern von Fischen, sodass Hobbyzüchter eine gute Räucherforelle erzeugen können. Solche Geräte und auch größere Räucherschränke werden elektrisch oder mit Gas geheizt. Eine kleine Menge Buchen-Sägemehl sorgt für die nötige Rauchentwicklung. Größere Zuchten werden sich richtige Öfen für den Räuchervorgang bauen lassen.

Betriebsleiter etwas abseits gelegener Betriebe werden versuchen müssen, entweder in oder nahe von Ballungszentren des Fremdenverkehrs oder der Industrie eine Niederlassung und Vertriebsstätte zu errichten oder den Kunden etwa durch Schaffung eines Ausflugszieles, durch Koppelung der Forellenzucht mit einem netten, preiswerten Gasthaus anzulocken. Auch die Möglichkeit, sich seine Forellen selbst angeln zu können, wird für viele Menschen reizvoll sein. Auf diese Weise kann auch die Produktion großer Naturteiche günstig an den Mann gebracht werden, denn erhebliche Mengen beim Abfischen auf einmal verkaufen zu müssen, das ist fast immer mit Preiszugeständnissen an den Großabnehmer verbunden.

ZIELE DER WERBUNG

Ein tüchtiger und ideenreicher Unternehmer wird nicht nur seinen Kunden zuvorkommend betreuen, sondern seine Ware auch entsprechend bewerben. Die Werbung kann natürlich verschiedene Wege gehen, wird aber in der Hauptsache zwei Richtungen einschlagen müssen:

Zum ersten ist das weitverbreitete Vorurteil gegen Fische, das aus Angst vor den Gräten entstanden ist, durch Aufklärung über die richtige Teilung und das richtige Essen des Fisches zu beseitigen bzw. kann man durch das Anbieten von Filets ängstliche Kunden gewinnen und zum zweiten muss die Betonung auf den Wert und die besondere Zuträglicheit des Forellenfleisches gelegt werden. Dass in einer eingehenden und guten Beratung in allen Fragen eine besonders wertvolle Kundenbetreuung liegt, die dem Absatz immer neue Wege und Möglichkeiten erschließt, soll zum Abschluss noch angeführt werden.

FRAGEN DER BEWIRTSCHAFTUNG FREIER GEWÄSSER

Beim Ankauf von Besatzfischen in den Fischzuchtbetrieben werden oftmals an den Züchter Fragen bezüglich der zu tätigenden Besatzmaßnahmen gerichtet. Sie beziehen sich sowohl auf die beste Zeit für den Aussatz als auch auf Art und Größe der Besatzfische selbst.

Ich habe mich deshalb schon in der 4. Auflage dieses Buches entschlossen auf dieses Thema einzugehen und meine Erfahrungen und Kenntnisse in dieser Hinsicht niederzuschreiben. Sie wurden nicht nur bei der Bewirtschaftung eigener bzw. gepachteter Fischereigewässer gewonnen, die zeitweise bis zu 110 km Bach- und Flussstrecken umfassten, sondern auch aus Gesprächen mit den vielen Kunden, die ich im Laufe meiner Tätigkeit als Forellenzüchter beliefern durfte.

Um im Rahmen dieses Buches zu bleiben, will ich natürlich nur über die Bewirtschaftung von Salmonidengewässern schreiben, über Fließgewässer also, die der Forellen- und Äschenregion angehören und deren hochsommerliche Temperaturen allerhöchstens 20 °C erreichen.

ARTENAUSWAHL

Die Bewirtschafter solcher Gewässer interessiert vorerst einmal die Frage nach der zu setzenden Fischart. Um sie beantworten zu können, muss man die Verhaltensweisen der einzelnen in Frage kommenden Fischarten und ihre Ansprüche an den Lebensraum wenigstens in grobem Umfang kennen.

Die meistgesetzte Bachforelle bevorzugt Standplätze in Ufernähe mit Rund- und Gegenströmungen und nahem Unterschlupf. Sie liebt strömungsberuhigte Gewässerzonen und sucht stark durchströmte Bereiche nur bei Verfolgung einer Beute auf, um sie aber schnell wieder zu verlassen. Sie fühlt sich daher in den reich gegliederten, weitestgehend naturbelassenen Gewässern am wohlsten.

Anders die Regenbogenforellen und Äschen. Sie halten sich vorwiegend im Strömungsbereich größerer Gewässer auf und bevorzugen diesen als Standort, wie sich beim Elektroabfischen immer wieder gezeigt hat. Es wird daher sinnvoll sein, sie nur in Flüsse bzw. größere Gewässer auszusetzen; vor allem aus kleineren Bächen werden sie abwandern und sich dort auch nicht vermehren.

Während die Laichzeit der Bachforellen, wie in diesem Buch bereits eingangs beschrieben, sehr stabil ist und zu allermeist in die Monate des Spätherbstes fällt, ist dies bei den Regenbogenforellen ganz anders. Durch Zuchtauswahl und beeinflusst durch klimatische Verhältnisse gibt es Regenbogenstämme, deren Laichzeit genau in die der Bachforellen fällt. Nachkommen solcher Stämme in ein Bachforellengewässer auszusetzen, kann unerwünschte Folgen haben. Die sehr aggressiven Regenbogenmännchen können die Bachforellenmilchner vom Laichplatz verdrängen und die Eier der Rogner befruchten. Da diese dann in der Entwicklung absterben und schon die Befruchtungsquote niedrig ist, verliert man bei Nichtbeachtung dieser Umstände sicherlich einen nicht unerheblichen Teil an natürlicher Nachzucht.

Der hohe Nahrungsbedarf des Huchens, der sich heranwachsend fast ausschließlich von lebenden Fischen ernährt, bedingt, dass ein Aussatz von Junghuchen nur in größere Flüsse mit einem guten Äschen- oder Weißfischbestand sinnvoll ist.

Der aus Kanada stammende Bachsaibling liebt klare Quellbäche, wo er sich auch sehr schnell und zahlreich vermehrt. Die dadurch bedingten hohen Populationen auf engem Raum bei niedrigem Nahrungsangebot verursachen sehr bald eine Kleinwüchsigkeit, wie sie auch beim Seesaibling in hochgelegenen alpinen Seen bekannt ist. Das gesetzliche Mindestmaß wird dann überhaupt nicht mehr erreicht. In größeren Bächen, besonders dort, wo ihm die Einwanderung in kleine Quellbäche verwehrt ist, wächst er aber oft recht gut ab. Mit seinem großen Wandertrieb ist aber beim Aussatz dieses Fisches zu rechnen.

Während für den Besatz mit all den angeführten Edelfischarten nahezu ausnahmslos nur in Fischzuchtanstalten aufgezogene Jungfische zur Verfügung stehen, werden dort und da auch Bachforellen-Wildsetzlinge angeboten. Sie stammen meist aus kleineren Gerinnen oder Bächen, die wegen ihrer geringen Wasserführung und Breite für die Angelfischerei nicht mehr in Frage kommen. Dort wachsen sie auf Naturnahrungsbasis auf und werden nach 1 bis 2 Jahren mit Hilfe der Elektrofischerei herausgefangen, um in größere Gewässer versetzt zu werden. Ich halte es allerdings nicht für vertretbar, Wildsetzlinge aus etwas größeren Bächen herauszufangen und zu verkaufen und diese Gewässer damit der Angelfischerei zu entziehen. Die Zahl der verfügbaren Fischereigewässer, nach denen die Nachfrage sehr groß ist, wird dadurch verringert, was ohnedies leider durch verschiedene andere Eingriffe des Menschen schon viel zu oft geschieht.

Zweifellos haben Wildsetzlinge den in Fischzucht aufgezogenen Besatzfischen etwas voraus. Sie sind von Anfang an scheuer, finden sich im Freiwasser schneller zurecht und kennen das im Bach zur Verfügung stehende Naturfutter bereits gut. Allerdings werden sie etwas teurer sein müssen als die in einer Fischzucht aufgezogenen Setzlinge, was begreiflich ist, da doch mit einer höheren Ausfallsquote zu rechnen ist. Sie sind sowohl den Nachstellungen durch Fischfeinde als auch den Einwirkungen des Wettergeschehens viel mehr ausgesetzt als die unter der ständigen Kontrolle eines Fischzüchters in Teichen gezogenen Forellen. Dass Wildsetzlinge zumeist nicht in einer einheitlichen Größe geliefert werden können, was den Preisvergleich mit den aus Fischzuchten stammenden Setzlingen erschwert, mag von manchen als Nachteil empfunden werden.

In der Qualität werden die Bachforellen-Besatzfische den Wildsetzlingen am nächsten kommen, die in größeren Naturteichen bei einem reichlichen Nahrungsangebot aufgewachsen sind und nur zugefüttert wurden.

Letztendlich muss darauf hingewiesen werden, dass in den letzten Jahren in Österreich einige neue Fischereigesetze in Kraft getreten sind. Da Fischereigesetze Ländersache sind, gibt es 9 (!) verschiedene, auf die aus diesem Grund nicht näher eingegangen werden kann. In einigen Bundesländern ist nun der Besatz von Fließgewässern mit Regenbogenforellen und mit Bachsaiblingen verboten!

AUSWAHL DER ZU SETZENDEN ALTERS- BZW. GRÖSSENKLASSE

An Äschen- oder Huchensetzlingen werden kaum einmal verschiedene Altersklassen oder Größenordnungen zur Verfügung stehen. Bach- und Regenbogenforellen können hingegen in nahezu allen Alters- und Größenstufen bezogen werden, womit sich die Frage nach der Wahl der für das einzelne Gewässer bestgeeigneten Besatzfischgröße ergibt. Sehr verschiedenartige Faktoren werden für ihre Beantwortung ausschlaggebend sein. Sie seien nachstehend angeführt: die Größe eines Gewässers, die Hochwasserhäufigkeit, die sehr variierende Wasserführung in den verschiedenen Jahreszeiten, die Struktur des Untergrundes, die Ufergestaltung und schließlich das Ausmaß der vorhandenen Verbauung und die vorhandene Abwasserbelastung.

Dass man gewöhnlich in kleinere Bäche Setzlinge geringerer Größe zum Aussatz bringen wird, für größere Gewässer, in welchen sich schon recht starke Fische aufhalten, auch größere Besatzfische auswählt, bedarf keiner längeren Erörterung. Falsch ist es aber sicher, in zu kleine und sehr gefällereiche Bäche fangfertige Bachforellen zu setzen, die dort kaum geeignete Einstände finden werden. Eine schnelle Abwanderung ist dann die Folge. Für solche Bäche wird sich ein Besatz mit Bachforellen von 12 bis 15 cm wohl am besten eignen.

Das Aussetzen von Brütlingen wird vor allem dann zu einem Erfolg führen, wenn kleine, nicht zu steile Zubringerbäche zu einem Fischwasser gehören, die mit der Angel nicht mehr befischt werden können und die nicht zu sehr verkrautet sind. Heranwachsend werden viele dieser Brütlinge in den Hauptbach auswandern und den Bestand dort aufbessern. Allerdings sollten solche Aufzuchtgewässer von Zeit zu Zeit durchgefischt werden, um verbleibende größere Raubforellen zu entfernen.

Auch der Aussatz von Brütlingen in stärkere Gewässer kann von Erfolg gekrönt sein, vor allem dann, wenn der vorhandene

Fischbestand gering ist. Da aber Brütlinge nur im Frühjahr zur Verfügung stehen, ist eine solche Besatzmaßnahme mit dem Risiko des Auftretens eines starken Sommerhochwassers und damit des Abgetriebenwerdens eines großen Teiles des Besatzes verbunden.

An und für sich ist ein Herbstbesatz einem solchen im Frühjahr vorzuziehen, weil die über den Sommer gut genährten und mit der beginnenden Laichtätigkeit beschäftigten älteren Jahrgänge den Neuankömmlingen wenig Beachtung schenken. Im Frühjahr hingegen sind die Standforellen nach der winterlich bedingten knappen Ernährung hungrig und stellen kleineren Besatzfischen gierig nach.

Leider ist durch den enormen Druck der zahlreichen und immer mehr werdenden Fischfeinde der Herbstbesatz völlig zum Erliegen gekommen. Die Bäche sind von Fischotter und Reiher leergefischt. Verständlicherweise haben die wenigen verbliebenen engagierten Fischereirechtsbesitzer- und Pächter keine Lust mit einem Herbstbesatz diese Tiere über den Winter zu füttern.

Eist ein Bach im Winter alljährlich sehr stark auf und besteht außerdem noch die Gefahr einer Eisstoßbildung, oder geht die winterliche Wasserführung oftmals auf ein Minimum zurück, dann wird man dem Frühjahrsbesatz den Vorzug geben müssen. Dieser muss dann aber sicher mit größeren Besatzfischen von mehr als 15 cm bis hin zur fangfertigen Forelle durchgeführt werden. Auch in stark abwasserbelasteten Bächen, in denen die Schadstoffkonzentration bei Niederwasser erheblich ansteigt, wird man den Frühjahrsbesatz bevorzugen müssen, um Fischverlusten bei winterlichen Niederwasserständen vorzubeugen.

Dass auch die Dauer eines Pachtverhältnisses oder der Umstand, dass der Besatz im Anfang oder gegen Ende der Pachtung erfolgt, die Wahl der zu setzenden Fischgröße beeinflussen wird, sei nebenbei noch erwähnt. Sicherlich wird aber ein verantwortungsbewusster und weidgerechter Fischer seinem Nachfolger im Pachtverhältnis kein leergefischtes Fischereigewässer hinterlassen, sondern es bis zuletzt hegen und pflegen.

Es ist leider nicht möglich, allgemein gültige Anleitungen über die Menge und Anzahl der jeweils zu setzenden Fische zu geben. Sie hängt natürlich weitgehend von der Intensität der Befischung und dem Nahrungsangebot im Gewässer ab. Letzteres bestimmt in hohem Maße die Größe desselben, seine Struktur, aber auch die geologischen Verhältnisse seines Einzugsgebietes. Selbstverständlich wird man an Brütlingen oder kleinen Setzlingen mindestens 10-mal so viel einsetzen müssen wie von solchen über 15 cm Länge. Gewiss aber werden gemachte Erfahrungen die besten Ratgeber und Lehrmeister für die Wahl der alljährlich nachzusetzenden Jungfische sein.

KRANKHEITEN: VORBEUGUNG UND BEKÄMPFUNG

Auch in der Fischzucht ist es besser, Krankheiten vorzubeugen, als sie bekämpfen zu müssen. Der Prophylaxe ist daher große Aufmerksamkeit zu widmen. Die Argumente pro Vorbeugung und kontra Behandlung beruhen nicht nur auf wirtschaftlichen Überlegungen, sondern berücksichtigen den Umstand des Therapienotstandes und das aquatische Umfeld:

- Behandlungen sind kosten- und zeitaufwändig,
- Behandlungen verzögern den Fischverkauf (Wartezeit),
- Behandlungen laufen einige Zeit den Verlusten hinterher,
- Behandlungen können die Umwelt belasten,
- Behandlungen können die teichwirtschaftliche Routine unterbrechen,
- Behandlungen können für die Fische Stress bedeuten.

Überall dort, wo Fische dicht gehalten werden, wie es meist in vielen Forellenbetrieben der Fall ist, können ungünstige Haltungsbedingungen entstehen und die Übertragung von Krankheitserregern kann leicht vonstatten gehen. Häufig kommt es erst durch schlechte Wasserqualität oder Ernährungsfehler dazu, dass aus einer Infektion eine Krankheit entsteht. Die optimale bzw. artgerechte Haltung der Fische ist daher die vordringlichste Aufgabe des Fischzüchters.

VORBEUGENDE MASSNAHMEN (PROPHYLAXE)

Es gibt verschiedene Formen der Prophylaxe; für den Fischzüchter interessant sind die **Expositionsprophylaxe** (EP) und die **Dispositionsprophylaxe** (DP). Unter ersterer versteht man alle Maßnahmen, die eine Ein- bzw. Verschleppung von Krankheitserregern verhindern. Hygiene bzw. Desinfektion gehören zur EP. Sinn der Dispositionsprophylaxe ist es, durch optimale Wasserqualität und Ernährung die Fische in einen Zustand zu versetzen, in dem sie sich erfolgreich mit Erregern auseinandersetzen können und so aus einer bereits erfolgten Infektion keine Krankheit entsteht. Zur DP gehören aber auch ein schonender Umgang mit den Fischen beim

Umsetzen und Sortieren sowie die richtige Vorbereitung für den Transport, gute Transportbedingungen und die Anpassung an das Zielgewässer. Dispositions- und Expositionsprophylaxe liegen in der Hand des Fischzüchters und sind als wesentliches Element der Krankheitsverhütung anzusehen.

Neben den genannten sehr wichtigen Maßnahmen zur Krankheitsprävention ist aber auch eine Vorbeugung in Form einer **Immunprophylaxe** (Schutzimpfung) möglich. Diese gewährleistet einen mehr oder weniger langanhaltenden Schutz, richtet sich allerdings gezielt gegen bestimmte Erreger. Durch Verabreichung abgetöteter oder abgeschwächter (d. h. in ihrer Virulenz geminderte) Erreger, Erregerfragmente oder inaktivierter Toxine wird die Bildung von Antikörpern veranlasst. Impfstoffe bedürfen einer Zulassung, außer sie werden beim Fisch als teichspezifische Vakzinen (bevorzugt zur Verhütung von Bakteriosen) eingesetzt. Die Schutzimpfung gehört zum tierärztlichen Aufgabenbereich. Der so genannte „durchseuchte“ Fisch – vor allem zur Verhütung der Viralen Hämorrhagischen Septikämie beliebt – hingegen ist ein latent mit virulenten Erregern behafteter Fisch, der diese permanent oder phasenweise ausscheidet und daher eine Infektionsquelle darstellt. Die gezielte Durchseuchung erfolgt bei bestimmten Wassertemperaturen; dabei wird die Antikörperbildung forciert und die Ausbildung von Krankheitssymptomen weitgehend unterdrückt.

Chemoprophylaxe bedeutet präventive Verabreichung von antimikrobiell wirkenden Substanzen zum Schutz gegen bakteriell bedingte Erkrankungen. Diese Form der Prävention ist generell abzulehnen, da sie nur kurzfristigen Schutz bietet und alle Nachteile der Therapie in sich vereinigt.

Hygiene – Reinigung und Desinfektion

Gemäß der österreichischen Aquakultur-Seuchenverordnung (Näheres siehe Rechtliche Aspekte in der Fischzucht, S. 124 ff.) hat der Betreiber eines genehmigten Aquakulturbetriebes oder eines genehmigten Verarbeitungsbetriebes **Hygienevorschriften** für die Produktion oder Verarbeitung festzulegen und dem Betriebspersonal nachweislich zur Kenntnis zu bringen. Im Zuge dessen kann der Fischzüchter Schwachpunkte in seiner Anlage definieren und deren Behebung überlegen. Solche Schwachpunkte, die die **Erregereinschleppung in die Anlage** begünstigen, sind zum Beispiel:

- Vorfluter mit Fischbestand oder so genannten Oberliegern
- eindringende Fische
- Zukauf auf verschiedenen Produktionsebenen
- Fischtransport
- Besucher
- Fischprädatoren

Die **Erregerverbreitung in der Anlage** geschieht etwa durch:

- Wasserwege zwischen den Haltungseinheiten. Bei serieller Wasserversorgung können Erreger von einer Haltungseinheit in die andere gelangen; Behandlungs- und gründliche Desinfektionsmaßnahmen in einem Teich sind meist nicht durchführbar, ohne die darunterliegenden Einheiten zu beeinträchtigen.
- Laichfische
- tote Fische

- Abfischen, Sortieren und Umsetzen sind sehr heikle Arbeiten, bei denen Erreger leicht verbreitet werden können. Diese Maßnahmen stellen für die Fische eine Stresssituation dar, die die Abwehrkraft herabsetzt und einen Krankheitsausbruch begünstigen kann.
- Fischzüchter/Personal
- Ausrüstung

Die regelmäßige Reinigung und Desinfektion der Haltungseinheiten, Geräte und Transportmittel ist unabdingbar zur Vernichtung von Krankheitserregern. Wichtig vor jeder Desinfektion ist allerdings die gründliche mechanische und chemische Reinigung, da ansonsten die Gefahr besteht, dass Desinfektionsmittel bereits verbraucht sind, bevor sie Kontakt mit den durch Schmutz, Kot, Schleim, Blut etc. geschützten Erregern bekommen.

Man unterscheidet zwischen physikalischen – z. B. Austrocknung, Hitze, UV-Strahlung – und chemischen Desinfektionsverfahren. Dazu zählen etwa Kalkprodukte, organische Säuren, Oxidationsmittel, Chlorverbindungen, quaternäre Ammoniumverbindungen, Jodophore und Kombinationspräparate. Jodophore werden vor allem zur Eidesinfektion verwendet, ein Vorgang, der beim Zukauf von Eiern unbedingt erfolgen sollte.

Der Einsatz von Desinfektionsmitteln ist insofern gesetzlich geregelt, als dass nur zugelassene Biozidprodukte verwendet werden dürfen. Es ist daher empfehlenswert, sich mit einem fachlich versierten Tierarzt/-ärztin oder dem Fachhandel zu beraten. Weiters ist eine Desinfektion in der Haltungseinheit nur zulässig, wenn diese fischleer ist.

Stresserscheinungen und ihre Ursachen

Unter Stress versteht man äußere Einwirkungen, an die der Organismus nicht in genügender Weise angepasst ist. Der Fisch, wie jedes andere Lebewesen, reagiert mit dem so genannten Anpassungssyndrom, wobei die Ausschüttung von Stresshormonen eine Reihe von Stoffwechselveränderungen bewirkt, wodurch kurzfristig die Überlebenschance des Individuums in Extremsituationen verbessert, längerfristig aber der Organismus geschädigt wird. Dabei kommt es auch zu einer Beeinträchtigung des Immunsystems, was wiederum das Auftreten von Krankheiten begünstigt. Mangelnde Wasserqualität, Überbesatz der Teiche, unvorsichtiges Hantieren und Sortieren der Fische sowie Ernährungsfehler und auch die Vorgänge rund um das Laichgeschehen stellen solche Belastungen dar und sind meist die Ursache für Krankheitsausbrüche.

ANZEICHEN EINER ERKRANKUNG

Unter Krankheit versteht man die Störung der Lebensvorgänge in Organen oder im gesamten Organismus, gefolgt von objektiv feststellbaren Veränderungen. Verhält sich ein Fisch unauffällig und ist sein Erscheinungsbild normal, wird er zu Recht als gesund erachtet. Gesund bedeutet aber nicht zwingend, frei von Krankheitserregern zu sein, denn einerseits führt nicht jede Infektion zur Krankheit und andererseits können nach einer überstandenen Krankheit Erreger im Organismus verbleiben und bei passender Gelegenheit wieder eine Erkrankung auslösen.

Die Entstehung einer Krankheit wird grundsätzlich durch drei Faktoren beeinflusst: dem Pathogen, dem (empfänglichen) Wirtsorganismus und der Umwelt. Bei Fischen stellt die Umwelt einen besonders wichtigen Faktor bei der Krankheitsentstehung dar. Nicht alle Mikroorganismen im Umfeld des Fisches sind krankmachend. Einige sind so genannte Opportunisten, die immer in der Umwelt der Fische als Bestandteil des aquatischen Milieus vorhanden sind und nur krankmachend wirken, wenn der Fisch vorgeschädigt ist. Solche Erreger werden als fakultativ pathogen bezeichnet und die von ihnen ausgelöste Erkrankung als Faktorenkrankheit. Andere hingegen besitzen immer die Fähigkeit, eine Erkrankung hervorzurufen, und sind daher obligat pathogen. Aber auch hier kann die Umwelt über den Krankheitsverlauf entscheiden.

Manche Viren und Bakterien sind auf einen bestimmten für sie empfänglichen Wirtsorganismus (z. B. einzelne Fischarten) oder auf eine Altersgruppe angewiesen.

Das rechtzeitige Erkennen von Veränderungen, die auf eine Erkrankung hindeuten, muss durch sorgfältige Beobachtung des Fischbestandes erlernt werden. Es gibt verschiedene Erscheinungen, die ein gestörtes Wohlbefinden anzeigen. Eine Ansammlung der Forellen an Teichecken, am Teichrand oder beim Zu- und Ablauf sowie an schattigen Plätzen, träge und langsame Bewegungen, Verweigerung der Futteraufnahme und erhöhte Atemfrequenz sind Zeichen des Unbehagens und verdienen Beachtung. Fische, die springen, scheuern, blitzen, sich drehen oder zu Boden sinken sowie einzelne dunkelgefärbte, sich absondernde Fische sind ebenfalls ein Alarmzeichen. Auch auf Hautveränderungen – starke Verschleimung, Rötungen, Beulen oder Geschwüre – ist zu achten ebenso wie auf Veränderungen an den Kiemen, wie Verschleimung, Schwellung, Verfärbung oder Blutungen.

Auch nur wenige tote Fische in einem Teich müssen registriert und es muss der Versuch unternommen werden, die Ursache der Ausfälle zu ergründen. Jedenfalls sind tote Fische möglichst sofort zu entfernen, und zwar nicht nur aus der betreffenden Haltungseinheit, sondern am besten gleich aus der Anlage.

Hat der Fischzüchter einen Krankheitsverdacht, ist umgehend ein fachlich kompetenter Tierarzt (Betreuungstierarzt) beizuziehen. In der Zwischenzeit können von ihm betriebsbezogene Maßnahmen ergriffen werden. Moribunde, d. h. noch lebende Fische, die Symptome einer Erkrankung zeigen, sind bevorzugtes diagnostisches Material zur pathologischen Untersuchung!

METHODEN DER KRANKHEITSBEKÄMPFUNG

Bei Fischen in Aquakultur kann die Verabreichung von Tierarzneimitteln (TAM) über das Futter oder als Badebehandlung erfolgen. Wichtig ist, dass jeweils nur solche TAM angewendet werden, die für die Behandlung von Tieren, die der Lebensmittelgewinnung dienen, vorgesehen sind. Medizinische Bäder werden vor allem bei Ektoparasitenbefall oder Kiemenschäden angewendet. Arzneimittelgaben über das Futter oder in Form eines Fütterungsarzneimittels sind bei Innenparasitosen oder bakteriell bedingten Infektionskrankheiten wie Furunkulose oder Rotmaulseuche angezeigt. Daneben müssen auch Faktoren, die den Krankheitsausbruch ermöglicht haben, beseitigt werden. Gerade bei Faktorenkrankheiten, denen Schwächeparasiten oder opportunistische Bakterien zugrunde liegen, ist eine ausschließlich medikamentelle Therapie nicht nachhaltig erfolgreich.

Bäder

Bei Bädern muss vor allem darauf geachtet werden, dass hohe Konzentrationen zwar sehr wirksam, aber auch belastend für den Fisch sind und daher eine kurze Anwendungszeit erfordern (Tauchbad, Kurzzeitbad). Niedrige und für den Fisch schonende Konzentrationen führen zu einer unter Umständen über mehrere Tage dauernden Behandlung (Dauerbad) und machen oft ein Nachdosieren nötig. Zu beachten ist auch die Interaktion der ins Wasser eingebrachten Stoffe mit den Eigenschaften des Wassers, wie z. B. Härte und Säurebindungsvermögen.

Die für eine Badebehandlung im Allgemeinen vorgeschlagenen Substanzen sind allerdings fast immer Desinfektionsmittel und haben keine Zulassung als Tierarzneimittel. Streng genommen ist ihr Einsatz verboten. Ihre Verwendung sollte daher nur nach schlüssiger Diagnose und Absprache mit dem behandelnden Tierarzt bzw. der Tierärztin erfolgen.

Applikation über das Futter

Der Einsatz von Antibiotika zur Behandlung bei Bakteriosen geschieht über das Futter, und zwar meist in Form eines Fütterungsarzneimittels. Hier hat ausnahmslos eine tierärztliche Diagnose (Antibiotika wirken nicht gegen Viren und Parasiten) und Verschreibung sowie Festlegung der Wartefrist vor dem Inverkehrbringen zu erfolgen. Eine erfolgreiche Therapie setzt den Einsatz eines geeigneten Wirkstoffes, eine entsprechende Behandlungsdauer, einen rechtzeitigen Behandlungsbeginn sowie eine noch vorhandene Fresslust unserer Fische voraus.

Betriebsbezogene Maßnahmen

Betriebsbezogene Maßnahmen können bei Krankheitsverdacht bis zum Vorliegen einer Diagnose ergriffen werden. Sie dienen der Vorsorge und unterstützen zum Teil auch die Behandlung. Daher ist es wichtig, z. B. zu überprüfen, ob ein Sauerstoffmangel vorliegt, ob der pH-Wert entspricht, ob ein Zuviel an stickstoffhältigen Wasserinhaltsstoffen besteht, wie hoch die tägliche Futterration ist oder ob die Zu- und Abflüsse durchgängig sind. Temperatur, Sauerstoffgehalt und pH-Wert regelmäßig zu bestimmen, sollte zur Gewohnheit werden.

Häufig kann der Fischzüchter durch Belüften, Reduzieren oder Einstellen der Fütterung, Reduzieren der Besatzdichte, Erhöhung des Zu- bzw. Durchflusses Abhilfe schaffen.

UNTERSUCHUNG VON FISCHEN UND WASSER

Viele Krankheitssymptome sind einer Reihe von Krankheiten zuzuordnen und es bedarf großer Erfahrung, um wenigstens eine Verdachtsdiagnose zu stellen. Um zu einer schlüssigen Diagnose vor allem von erregerbedingten Krankheiten zu kommen, ist meist eine Untersuchung in einem speziell dafür eingerichteten Labor unumgänglich. Wenn eine solche Einsendung nicht von einem Tierarzt oder einer Tierärztin vorgenommen wird, die die Situation vor Ort kennen, ist der Fischsendung ein ausführlicher Vorbericht beizulegen, der nicht nur Angaben über Art und Ausmaß der Fischverluste enthält, sondern auch Angaben über den Zuchtbetrieb.

Fischuntersuchung

Bei **Überbringung** sollten, wenn möglich, 3 bis 5 sichtbar erkrankte, lebende Fische am besten persönlich zur Untersuchungsstelle gebracht werden.

Bei einer **Einsendung** sollte folgendermaßen vorgegangen werden:

- 3 bis 5 sichtbar erkrankte, frisch getötete Fische verwenden (keinesfalls im Teich verendete oder tiefgefrorene Fische)
- Fische je nach Größe einzeln in Alufolie verpacken (keinesfalls in mit Wasser gefüllten oder luftdichten Gefäßen oder Plastiksäcken)
- das gesamte Untersuchungsmaterial in einer Styropor- oder Kühlbox mit ausreichend Kühlakkus versenden (Temperaturbereich 4 bis 10 °C, keinesfalls mehr)
- einen kurzen Vorbericht beilegen
- eine Probe soll nach telefonischer Ankündigung binnen 24 Stunden am Untersuchungsort ankommen.

Bei der Einsendung lebender Fische sind die Bestimmungen des Tierschutzes einzuhalten.

Übermittlung von Wasserproben

Bei der Probenahme ist zu beachten:

- von jeder Entnahmestelle mind. 1,5 l Wasser
- gründlich gereinigte, mit dem Probenwasser 2- bis 3-mal ausgespülte Mineralwasserflaschen luftblasenfrei befüllen (günstigster Entnahmezeitpunkt: früh am Morgen; je nach Fragestellung zusätzlich am Abend)
- je eine Probe von Zulauf und Ablauf (Vergleichsprobe)
- die Probe darf weder Schlamm noch Wasserpflanzen oder Insekten enthalten
- Flaschen kennzeichnen: Entnahmeort, Datum, Uhrzeit, Wassertemperatur
- unmittelbar nach Entnahme gekühlt zur Untersuchungsstelle bringen; kurzfristige Zwischenlagerung im Kühlschrank möglich

FISCHKRANKHEITEN

Man unterscheidet zwischen umweltbedingten und erregerbedingten Krankheiten. Das Spektrum der Krankheitserreger bei Fischen reicht von Viren, Bakterien und Pilzen bis zu Parasiten. Im Folgenden werden Krankheiten dargestellt, deren Auftreten als gefährlich einzustufen ist.

Grießkörnchenkrankheit bei einem Seesaibling

Verpilzungen

Sie sind oft Ausdruck eines sekundären Geschehens – z. B. als Folge einer Abnahme der Schleimschicht der Haut bei Parasitenbefall – und es wird notwendig sein, die der Verpilzung zugrunde liegende Krankheit zu bekämpfen. Ist die Verpilzung schon zu weit fortgeschritten und sind bis in die Muskulatur reichende Schäden entstanden, kommt eine Therapie oft zu spät. Pilztoxine oder das in den Körper einströmende Wasser haben den Fisch bereits nachhaltig geschädigt.

Parasitär bedingte Erkrankungen

Darunter werden sowohl die durch Einzeller (Protozoa) als auch durch Mehrzeller (Metazoa) verursachten Parasitosen verstanden. Einzellige Ekto-(Außen-)parasiten, etwa das Wimpertier *Trichodina* spp., sind mehrheitlich so genannte Schwächeparasiten. Vereinzelt wird man sie oft auf Fischen nachweisen können, ohne dass sie ihre Wirte ernsthaft beeinträchtigen. Bei starkem Befall können sie aber durchaus Schaden anrichten, Wegbereiter für sekundäre bakterielle Erkrankungen oder Befall mit Wasserschimmel (*Saprolegnia* spp.) sein und letztendlich zu einem Bestandsproblem führen.

Eine Ausnahme hingegen bildet der Erreger der so genannten **Grießkörnchenkrankheit**, das Wimpertier *Ichthyophthirius multifiliis*, ein Haut- und Kiemenparasit.

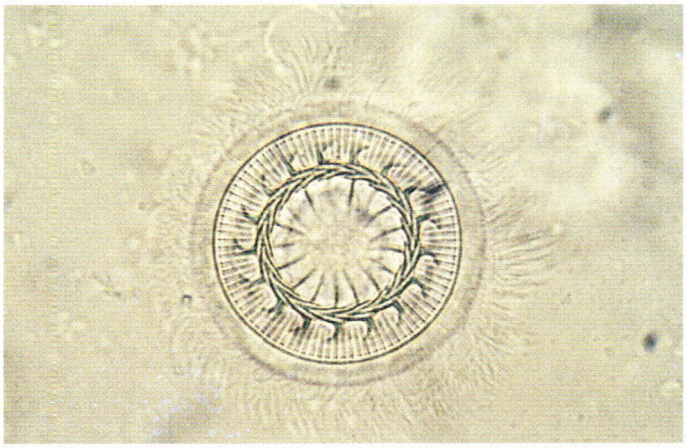

Trichodina spp.

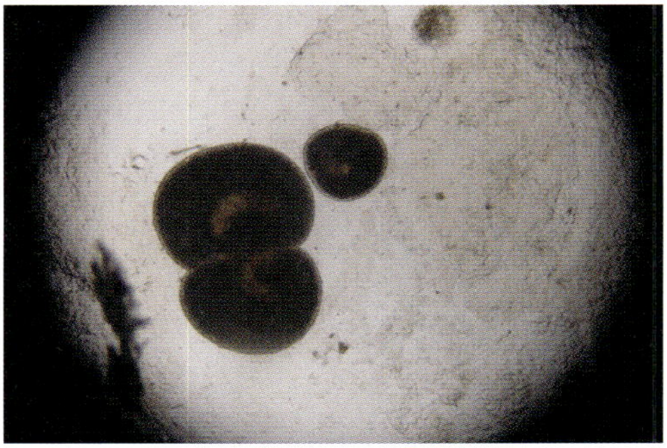

Ichthyophthirius multifiliis, Adultstadium mit gebogenem Großkern

Bedingt durch seine Vermehrungsstrategie ist auch ein geringer Befall immer ein Alarmzeichen. Er ist kein klassischer Ektoparasit, da er z. B. nicht außen auf der Haut aufsitzt, sondern bis an die Basis der Oberhaut (Epidermis) vordringt und diese als Schutz benützt. Adulte Exemplare sind kugelförmig, holotrich bewimpert und bis zu 1,5 mm groß. Das Mundfeld ist mit längeren Cilien versehen, ein typisch bohnen- bis hufeisenförmiger Großkern (Makronukleus) und ein Kleinkern (Mikronukleus) sind vorhanden. Anhand seiner Größe und der typischen drehend-kriechenden Bewegung ist er mikroskopisch leicht zu identifizieren. *Ichthyophthirius multifiliis* ernährt sich von Gewebe und Körperflüssigkeiten. Seine Entwicklung über freilebende Boden- und Schwärmerstadien erschwert die Bekämpfung. Die Schwärmer sterben ab, wenn sie nicht innerhalb von 55 Stunden einen Wirt finden. Die Dauer des Entwicklungszyklus ist temperaturabhängig, wobei höhere Temperaturen die Entwicklung beschleunigen. Bei Wassertemperaturen > 12 °C verläuft diese Parasitose durch Massenvermehrung von Ichthyo akut mit hoher Mortalität, insbesondere bei hoher Haltungsdichte. Überlebende Fische entwickeln eine belastbare Immunität (COLORNI, 2008). Erste Symptome sind Scheuern an Einrichtungsgegenständen, Springen, verstärkte Atmung, darauf folgen Hauttrübung, Ablösen der Schleimschicht und der Epidermis und bei hochgradigem Befall bilden sich weiße, bis zu 1 mm große Pünktchen, die mit freiem Auge sichtbar sind.

Besonders Brütlinge zeigen oft einen Befall mit dem Geißeltierchen *Ichthyobodo necator* (Costia). Dieser zeigt sich an einem

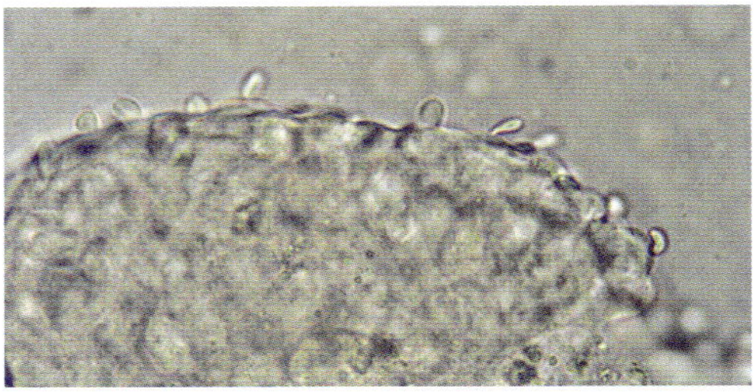

Ichthyobodo necator auf der Haut

grauen bis bläulichen leichten Belag auf Schleimhaut und Flossen und ist nur unter dem Mikroskop eindeutig erkennbar. Oft „blitzen" die Fische, d. h., sie versuchen, durch schnelles, seitliches Schwimmen die Parasiten „abzuwischen". Nur sofort eingeleitete Maßnahmen, wie z. B. ein Salzbad, können größere Verluste verhindern.

Ektoparasitische Metazoa sind bei Nutzfischen durch verschiedene Monogenea (Saugwürmer mit direkter Entwicklung, z. B. der Hautsaugwurm *Gyrodactylus* spp.) repräsentiert und in der Regel dann ein Problem, wenn gleichzeitig auftretende Protozoa die Befallsituation verschärfen. Auch unter Crustaceen (Krebse) finden sich Fischparasiten: der Kiemenkrebs (*Ergasilus* spp.), der Ankerwurm (*Lernea* spp.)

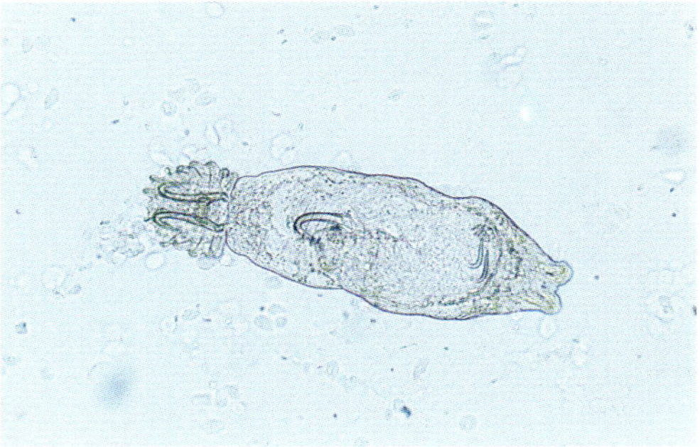

Gyrodactylus spp.

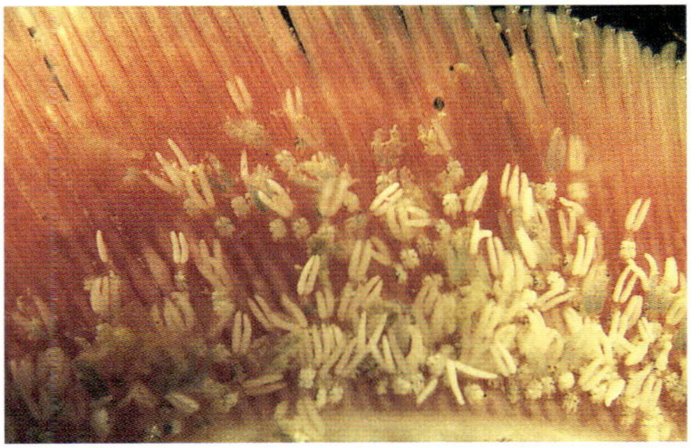

Ergasilus sieboldi (weibl.) auf den Kiemen

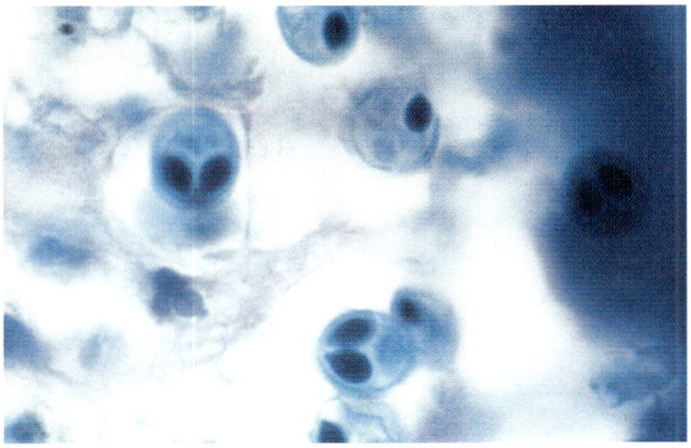

Myxobolus cerebralis-Sporen

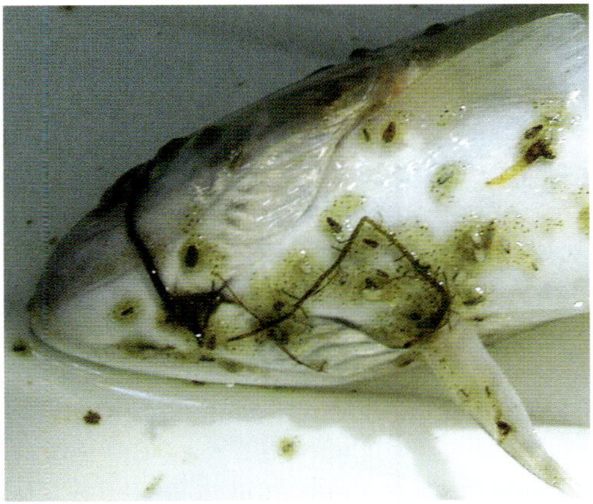

Massenbefall mit Karpfenläusen (*Argulus* spp.)

und die Karpfenlaus (*Argulus* spp.). Letztere kommt ihrem Namen zum Trotz auch bei Salmoniden vor, ist aufgrund ihrer Lebensweise Überträger für verschiedene Krankheitserreger und sollte schon aus diesem Grund bekämpft werden.

Die Bedeutung mehrzelliger Endo-(Innen-)parasiten für Forellenartige in Aquakultur ist von der Parasitenart abhängig. Während Bandwürmer, Kratzer und Fadenwürmer selten den Fischbestand bedrohen, gibt es unter den so genannten *Myxozoa*-Arten, die ein hohes Krankheitsrisiko darstellen. Ursprünglich zu den Einzellern gezählt, werden sie aufgrund der komplexen Struktur ihrer Sporen zu den Metazoa und zwar zu den Nesseltieren (*Cnidaria*) gestellt. Ein Vertreter der Myxozoa ist *Myxobolus cerebralis*, der Erreger der **Drehkrankheit**, der bei der heimischen Bachforelle kaum Probleme verursacht. Die aus Nordamerika eingeführte Regenbogenforelle verzeichnet dagegen bei Befall mit dem für sie bis dato unbekannten altweltlichen Erreger zum Teil hohe Verluste. Drehbewegungen um die Längs- und Querachse (so genanntes Schwanzjagen) bei Erschütterungen haben dieser Krankheit den Namen gegeben. Symptome einer überstandenen Drehkrankheit sind Schädeldeformationen („Mopskopf"), Kiemendeckelverkürzungen und Wirbelsäulenverkrümmungen. Vor allem bei der

Drehkrankheit: Regenbogenforelle mit Mopskopf

Drehkrankheit: Regenbogenforelle mit Wirbelsäulenverkrümmung

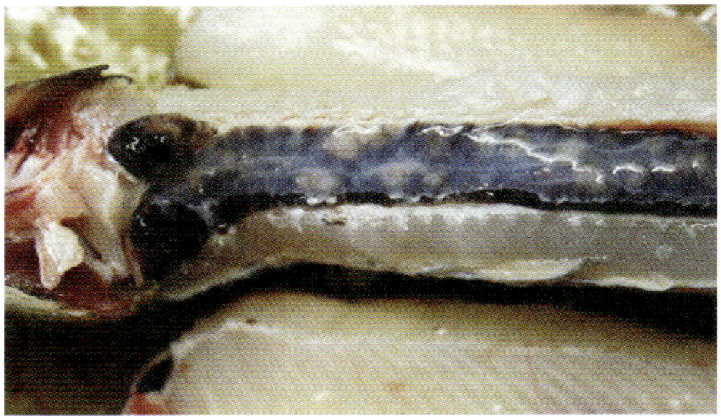

Proliferative Nierenkrankheit (PKD); Nierenschwellung

Bewirtschaftung von Naturteichen, in denen sich die für die Entwicklung dieses Parasiten unabdingbaren Zwischenwirte, wie Schlammröhrenwürmer, befinden, kann diese Krankheit eine wirtschaftliche Rolle spielen. Die Sporen, die vom Fisch ins Wasser abgegeben werden, bleiben in Erdteichen jahrelang infektiös. Fische mit akuter oder überstandener Drehkrankheit sind als Besatzfische ungeeignet!

In den letzten Jahren wird vermehrt über eine Erkrankung berichtet, die bevorzugt in Freigewässern und vor allem bei der Bachforelle auftritt: die **Proliferative Nierenkrankheit**, kurz PKD. Auch der Erreger der PKD, *Tetracapsuloides bryosalmonae*, wird zu den Myxozoa gezählt. Die Entwicklung von *T. bryosalmonae* erfolgt über Wirtswechsel zwischen einem Fisch als Wirbeltier und einem Moostierchen (*Bryozoa*) als wirbellosem Wirt. Die Symptome sind nicht typisch für PKD: Nahrungsverweigerung, Apathie, Dunkelfärbung, Glotzaugenbildung (Exophthalmus), Auftreibung des Abdomens (Ascites) werden auch bei anderen Krankheiten beobachtet. Eine allgemeine Anämie, Schwellung von Milz und Niere sind lediglich Ausdruck entzündlicher Prozesse ohne Hinweis auf den verursachenden Erreger. Der Erregernachweis ist daher unumgänglich, um zu einer schlüssigen Diagnose zu gelangen.

Bakteriell bedingte Erkrankungen

Kiemenerkrankungen kommen bei Brütlingen oft vor. Auf den Kiemen vorgefundene Bakterien dürften weniger daran schuld sein als eine vorher erfolgte Reizung der Kiemen durch Schmutzstoffe im Wasser. Die so geschädigten Kiemen bieten ein gutes Substrat für verschiedene Bakterien, vor allem für so genannte „Myxobakterien". Nach den Beobachtungen vieler Züchter tritt die Krankheit immer nach stärkerer Verunreinigung und Trübung des Wassers auf. Der Forderung nach Vermeidung eines Aufwirbelns von Schmutzstoffen und Futterabrieb (Hygiene!) und nach Verwendung sauberen Wassers ist daher besondere Beachtung zu schenken. Diese Myxobakterien, korrekt als *Flavobacterium*-Arten bezeichnet, können verschiedene Krankheiten hervorrufen: Bakterielle Kiemenschwellung, Kaltwasserkrankheit, Sattelkrankheit oder das so genannte Rainbow Trout Fry Syndrom.

Von den weiteren bakteriell bedingten Krankheiten sollen hier nur die **Furun-**

Sattelkrankheit bei Regenbogenforellenbrütling

ERM bei Äschen: Entzündungen im Maul- und Flossenbereich

kulose und die **Rotmaulseuche** erwähnt werden.

Die **Furunkulose** betrifft Salmoniden aller Altersklassen, bevorzugt jedoch Bachforelle, Bachsaibling, Seesaibling und Äsche. Der Erreger, *Aeromonas salmonicida salmonicida*, spielt besonders bei Wassertemperaturen > 14 °C, Sauerstoffmangel, hohen Besatzdichten und Stress eine Rolle. Die Symptome hängen von der Verlaufsform ab. Brütlinge können plötzlich und symptomlos verenden, größere bzw. adulte Fische zeigen Geschwüre und/oder Anzeichen einer Blutvergiftung. Eine Therapie ist erfolgreich bei rechtzeitigem Behandlungsbeginn und geeignetem Wirkstoff. Allerdings bleibt ein Teil der gesund aussehenden Fische als Carrier (Erregerreservoir) zurück, die wieder einen Krankheitsausbruch verursachen können.

Furunkulose: Geschwür bei einem Bachsaibling

Die Symptome bei **Rotmaulseuche**, die durch den Erreger *Yersinia ruckeri* entsteht, sind vielfältig und unspezifisch und können durchaus mit Anzeichen der Viralen Hämorrhagischen Septikämie verwechselt werden. Namengebend sind Rötungen im Kopfbereich, vor allem am oder im Maul und der Kiemendeckelinnenseite. Auch hier gilt, dass eine Therapie bei rechtzeitigem Behandlungsbeginn sowie geeignetem Wirkstoff erfolgreich ist und dass ein Teil der gesund aussehenden Fische als Carrier zurückbleibt, die wieder einen Krankheitsausbruch verursachen können.

Eine Impfung der Bestände gegen Furunkulose und Rotmaulseuche ist möglich und vor allem teichspezifische Impfstoffe zeigen gute Erfolge.

Bei allen Behandlungen von Fischbeständen mit Tierarzneimitteln ist unbedingt ein Tierarzt beizuziehen, um nicht mit dem Gesetz in Konflikt zu kommen. Daher werden hier keine Therapieempfehlungen gegeben.

Von Viren verursachte Krankheiten

In der Forellenzucht spielen auch **Viren als Krankheitserreger** eine zum Teil erhebliche

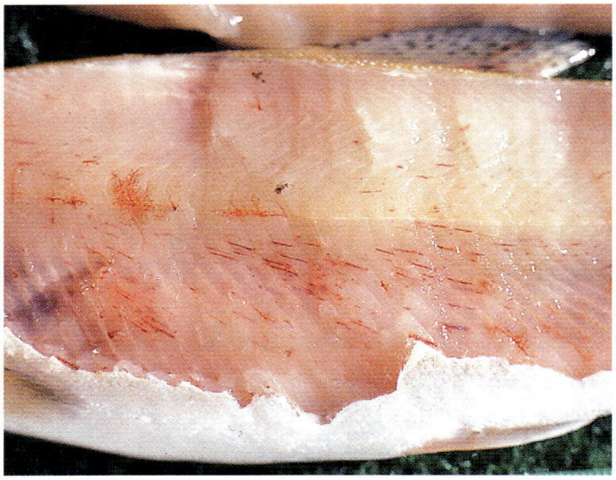

VHS: Petechien in der Muskulatur, Regenbogenforelle

Rolle. Die **Virale Hämorrhagische Septikämie** (VHS, Forellenseuche) ist in Europa weit verbreitet, wobei bei Setzlingen und Jungfischen Verluste von mehr als 90 % vorkommen können. Besonders gefährdet ist die Regenbogenforelle. Die Symptome sind vielfältig: Die akute Phase, in der es zu hohen Verlusten in relativ kurzer Zeit kommt, zeigt sich durch die Dunkelfärbung der Haut, beginnende Glotzaugenbildung, Blutungen an den Flossenansätzen, blasse Kiemen und Anschwellen des Leibes durch Ansammlung von Flüssigkeit. Die Fische sind apathisch und verweigern die Nahrungsaufnahme. Die chronische Phase ist durch ausgeprägte Dunkelfärbung, starke Glotzaugenbildung und grau-weiße Färbung der Kiemen geprägt. Gelegentlich auftretende drehförmige Bewegungen um die Körperlängsachse sind Vorläufer der nervösen Verlaufsform, die vor allem durch blitzartige spiralförmige Schwimmbewegungen gekennzeichnet ist. Die beschriebenen Merkmale treten jedoch auch bei anderen Krankheiten auf und lassen lediglich eine Verdachtsdiagnose zu. Schneidet man einen Fisch auf und findet neben anderen Organveränderungen punkt- bzw. kommaförmige (Petechien) Blutungen in den Kiemen, der Muskulatur, den Innenorganen (vor allem der Schwimmblasenwand), dem Peritoneum und dem Fettgewebe, erhärtet sich der Verdacht auf VHS. Die Ansteckung erfolgt von Fisch zu Fisch oder über das Wasser (horizontale Übertragung). Nicht jeder Fisch, der mit dem Virus Kontakt hat, erkrankt. Solche Fische, aber auch die, die die Krankheit überstanden haben, sind jedoch Virusträger (Carrier) und damit ein Erregerreservoir. Eine medikamentelle Bekämpfung der VHS ist nicht möglich. Bei Wassertemperaturen über 15 °C bricht die Krankheit nicht aus, da das Virus wärmelabil ist und das Immunsystem der Fische optimal funktioniert. Sinkt die Wassertemperatur jedoch, kann die Krankheit wieder auftreten. Da der Zukauf latent infizierter Fische die Hauptursache für die Verbreitung der VHS ist, ist streng darauf zu achten, nur Fische aus seuchenfreien Beständen zu erwerben.

Auch die **Infektiöse Hämatopoetische Nekrose** (IHN) tritt in erster Linie bei der Regenbogenforelle auf. Die Symptome ähneln weitgehend jenen der Viralen Hämorrhagischen Septikämie, sodass eine genaue Diagnose nur durch den Erregernachweis erfolgen kann. Bei schnellem (perakutem) Krankheitsverlauf können die Fische symptomlos verenden. Treten Symptome auf, sind klinisch Lethargie im Wechsel mit Hyperaktivität, Fressunlust, Dunkelverfärbung, Glotzaugen, Auftreibung der Leibeshöhle, Blutungen in der Haut, an den Flossenansätzen und im Dottersack junger Brut sowie blasse Kiemen zu beobachten. Bezüglich Weiterverbrei-

IPN: knopfartig aufgetriebener Bauch bei Regenbogenforellenbrut

tung, Behandlungsmöglichkeiten und vorbeugenden Maßnahmen wird auf das bei VHS Beschriebene verwiesen.

Eine weitere Viruskrankheit, die **Infektiöse Pankreasnekrose** (IPN), tritt in fast allen Ländern mit Salmonidenaquakultur auf. Das Virus ist sehr widerstandsfähig und viele Fischarten sowie Wirbellose, wie z. B. Planktonkrebse, dienen als Erregerreservoir. Krankheitsausbrüche mit Mortalitätsraten zwischen 80 und 100 % treten nur bei Brütlingen und Setzlingen bis zu einem Alter von 20 Wochen nach der ersten Futteraufnahme auf. Erwachsene Fische erkranken nicht, sind jedoch Virusträger und geben den Erreger mit den Geschlechtsprodukten an die Nachkommenschaft weiter (vertikale Übertragung). Solche Fische sind weder als Laichfische noch als Besatzfische für andere Zuchtbetriebe oder Freigewässer geeignet. Darüber hinaus erfolgt die Ansteckung auch über das Wasser oder von Fisch zu Fisch. Eine medikamentelle Behandlung ist bei IPN wie bei allen Viruserkrankungen nicht möglich.

Umweltbedingte Krankheiten

Umweltbedingte Krankheiten sind ausschließlich auf Fehler bei der Haltung oder Ernährung zurückzuführen. Einige Wasserparameter sind von besonderer Bedeutung für unsere Fische.

Temperatur: Die Wassertemperatur beeinflusst nicht nur die Fische, sondern auch die Eigenschaften des Wassers. Fische sind poikilotherme (kaltblütige) Tiere, deren Körpertemperatur von der Wassertemperatur abhängt. Verschiedene Fischarten haben unterschiedliche Temperaturansprüche; diese liegen bei Salmoniden als so genannte Kaltwasserfische in einem Bereich zwischen 12 °C und 16 °C, sollte aber immer < 20 °C betragen. Ein rascher Temperaturwechsel von > 3 bis 5 °C wird nicht gut vertragen; das ist vor allem im Rahmen des Transportes und bei Besatzmaßnahmen zu beachten.

pH-Wert: Dieser ist ein Maß für den sauren bzw. basischen Charakter einer Lösung, in unserem Falle des Wassers. Er unterliegt vielen Einflüssen, unter anderem der Stoffwechselaktivität der Fische vor allem bei intensiver Haltung oder der Photosynthese-Aktivität von Algen oder Wasserpflanzen im Naturteich. Der optimale pH-Wert für Salmoniden beträgt 7 bis 8,3.

Sauerstoff, O_2: Steigt die Temperatur, sinkt die Wasserlöslichkeit und es steht weniger Sauerstoff für unsere Fische zur Verfügung. Stress und Nahrungsaufnahme erhöhen den Sauerstoffbedarf und verschärfen damit die Situation. Auch eine hohe Besatzdichte und organische Belastung (Ausscheidungen der Fische, Futterreste, tote Fische) wirken sich negativ auf die Sauerstoffbilanz aus. Sauerstoff wird

Gasblasenkrankheit: Regenbogenforelle, Gasbläschen unter der Haut des Kiemendeckels

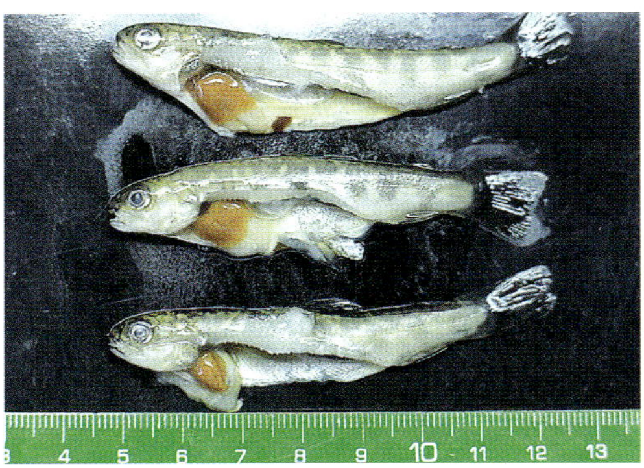

Lipoide Leberdegeneration beim Bachsaibling durch verdorbenes Futter

Hydrocele bei Seesaibling-Dottersackbrut

am besten am Abfluss gemessen und sein Gehalt sollte nicht unter 7 mg/l betragen.

Ammonium/Ammoniak: Ammonium für sich ist nicht fischgiftig, der bakterielle Abbau über **Nitrit** zu **Nitrat** verbraucht jedoch einerseits Sauerstoff und lässt andererseits fischgiftiges Nitrit entstehen, sodass auch erhöhte Ammoniumgehalte unerwünscht sind. Besonders gefährlich ist es jedoch, wenn erhöhte Ammoniumgehalte auf steigende Wassertemperaturen und einen alkalischen pH-Wert treffen, denn dann entsteht Ammoniak, der bereits in geringen Mengen fischtoxisch ist. Als Grenzwerte für Salmoniden werden 0,01 mg/l genannt, bei Nitrit ‹ 0,1 mg/l in weichem und ‹ 0,2 mg/l in hartem Wasser.

Die bekanntesten umweltbedingten Krankheiten sind wahrscheinlich Gasblasenkrankheit, Kiemenschäden durch Ammoniakbelastung und Lipoide Leberdegeneration, bei der Brut die **Dotterblasenwassersucht**. Dabei sammelt sich bläulich erscheinende Flüssigkeit zwischen Dotter und Haut (Hydrocele). Diese Krankheit kann auf ungeeignete Haltungsbedingungen während der Erbrütung bzw. Dottersackphase zurückgeführt werden: mangelnde Sauerstoffversorgung, Temperaturschwankungen, hohe Haltungsdichte, Anhäufung von Stoffwechselprodukten, aber auch die unsachgemäße Anwendung von Desinfektionsmitteln. Eine Behandlung ist nicht möglich und es kann ihr nur mit guten Aufzuchtverhältnissen begegnet werden.

Es gibt noch eine Reihe weiterer Krankheiten, die unsere Fische in Gefahr bringen können. Über sie ist in der speziellen Literatur nachzulesen. Hier war es nur wichtig, die aus Sicht der Autoren häufig bzw. verlustreich auftretenden anzuführen, um denen einen Hinweis zu geben, für die das Buch in erster Linie geschrieben ist: für die Forellenzüchter und Forellenzüchterinnen, die mit Liebe und Verantwortungsbewusstsein bei der Sache sind.

RECHTLICHE ASPEKTE IN DER FISCHZUCHT

Fischzüchterinnen und Fischzüchter sind von verschiedenen Gesetzen und Verordnungen betroffen. Nun sind Gesetzestexte nicht immer leicht zu verstehen, das gilt vor allem für solche, die auf EU-Verordnungen basieren und unmittelbar gelten. Diese sind schwer zu lesen, da der entsprechende österreichische Gesetzestext viele Verweise auf die Basisverordnungen enthält. Ein gutes Beispiel dafür sind das Lebensmittelsicherheits- und Verbraucherschutzgesetz und das Tiertransportgesetz. Es würde den Rahmen dieses Buches sprengen, auf alle teichwirtschaftlich relevanten rechtlichen Bestimmungen einzugehen, sodass nachstehend einige ausgewählte Bereiche dargestellt sind, die auf die Situation in Österreich zutreffen.

AQUAKULTUR-SEUCHENVERODNUNG BGBL. II NR. 315/2009

Diese regelt im Wesentlichen die Überwachung der Aquakultur und die Bekämpfung anzeigepflichtiger Seuchen und enthält besondere Vorschriften für das Inverkehrbringen und den Transport von Tieren der Aquakultur. Die anzeigepflichtigen Krankheiten und die dafür empfänglichen Fischarten sind in einem Anhang aufgelistet. Da die exotische Seuche namens Epizootische Hämatopoetische Nekrose, die Regenbogenforelle und Flussbarsch betrifft, in Österreich keine Rolle spielt, sei sie hier nur erwähnt.

Die nicht exotischen Seuchen der Fische sind in der nachstehenden Abbildung wiedergegeben; als empfängliche Fischarten sind nur jene aufgelistet, die in der österreichischen Aquakultur von Bedeutung sind.

Krankheit	Empfängliche Fischarten
Virale Hämorrhagische Septikämie	Coregonen, Hecht, Regenbogenforelle, Forelle, Äsche
Infektiöse Hämatopoetische Nekrose	Regenbogenforelle, Atlantischer Lachs
Infektiöse Anämie der Lachse	Regenbogenforelle, Atlantischer Lachs und Forelle
Koi-Herpesvirus-Erkrankung	Karpfen

Einige der wesentlichen Vorschriften werden nun herausgegriffen:

ÜBERWACHUNG DER AQUAKULTUR

- Genehmigung von Aquakulturbetrieben
- Zulassung der Zuchtbetriebe eines genehmigten Aquakulturbetriebes
- Zuordnung der Zuchtbetriebe zu einer von fünf Kategorien, entsprechend dem Status des Fischbestandes hinsichtlich der Erreger anzeigepflichtiger Fischkrankheiten
- Risikoorientierte Tiergesundheitsüberwachung (Feststellen des Risikoniveaus eines Zuchtbetriebes) und
- Registrierung sonstiger Haltungen

Aus der jeweiligen Kategorie I, II, III, IV, V ergibt sich der Kontrollinhalt, aus dem Risikoniveau die Häufigkeit der behördlichen Kontrollen und der Eigenkontrollen. Die Kategorie bezieht sich auf die anzeigepflichtigen Krankheiten, bei Salmoniden auf VHS, IHN und ISA (Infektiöse Anämie der Lachse) und nicht auf den Zuchtbetrieb. Ein Zuchtbetrieb kann daher mehrere Kategorien aufweisen. Die Einstufung des Risikoniveaus in gering, mittel und hoch ergibt sich aus dem Risiko der Erregereinschleppung in eine Anlage, der Erregerübertragung aus einem Betrieb und den Faktoren, die das Entstehen von Krankheiten begünstigen.

Letztendlich beeinflusst die Kategorie die Handelswege: Verkäufe dürfen nur in die gleiche oder eine schlechtere Kategorie stattfinden, Einkäufe nur aus der gleichen oder einer besseren Kategorie.

Genehmigte Aquakulturbetriebe müssen einen Betreuungstierarzt namhaft machen, ein betriebsspezifisches Hygienekonzept festlegen und sind zur Buchführung (z. B. durch Anlegen eines Teichbuches) verpflichtet.

BEKÄMPFUNG ANZEIGEPFLICHTIGER SEUCHEN

Gemäß Aquakulturen-Seuchen-Verordnung ist der Verdacht und das Auftreten der VHS, IHN und ISA anzeigepflichtig. Da Österreich historisch frei von ISA ist, muss auf diese nicht weiter eingegangen werden. Ergeben sich bei einem Fischbestand Symptome von VHS und/oder IHN wird vom Amtstierarzt eine Verdachtssperre verhängt und eine Fischprobe entnommen. Verläuft der Erregernachweis im Labor negativ, wird die Sperre aufgehoben, bei positivem Virusnachweis wird die Verdachtssperre zur Sperre, der Betrieb wird in Kategorie V gereiht und es werden per Bescheid entsprechende Maßnahmen vorgeschrieben. Diese betreffen den Satzfischbestand und sehen die Vernichtung desselben oder die Mästung bis zum Speisefisch vor, da diese Krankheit nicht auf den Menschen übertragen werden kann.

Speisefische ohne klinische Symptome dürfen entweder unmittelbar zur Tötung in einen zugelassenen Verarbeitungsbetrieb oder bereits geschlachtet und ausgenommen aus dem Fischzuchtbetrieb verbracht werden. Eine Entschädigung für den Verlust der Fische ist vom Gesetzgeber nicht vorgesehen, deshalb muss der Züchter diesen Verlust in voller Höhe selbst tragen.

TIERTRANSPORTGESETZ BGBL I 2007/54

Die richtige Auslegung dieses Gesetzes ist schwierig, denn nicht alle seine Bestimmungen treffen auf Fischtransporte zu.

Das Wichtigste ist nachfolgend kurz zusammengefasst:

1. Zulassung von Transportunternehmern
   - Der Land-(Fisch-)wirt, der seine eigenen Fische im eigenen Transportmittel über eine Strecke von maximal 50 km befördert, muss lediglich die „Allgemeinen Bedingungen für den Transport von Tieren" einhalten.
   - Transportunternehmer (jede natürliche oder juristische Person, die entweder auf eigene Rechnung oder für eine dritte Person Tiere befördert) müssen für eine Strecke bis zu 65 km eine Transportbescheinigung mitführen.
   - Für längere Strecken und eine Beförderungsdauer, die 8 Stunden nicht überschreitet, wird zusätzlich eine Zulassung als Transportunternehmer für so genannte Kurzstrecken benötigt.
   - Bei einer Beförderungsdauer über 8 Stunden muss man eine Zulassung für so genannte Langstrecken sowohl für den Transportunternehmer als auch für das Transportfahrzeug besitzen.
   - Die Zulassungen werden in Österreich von der jeweiligen Bezirksverwaltungsbehörde erteilt. Betriebe, die bereits im Veterinärinformationssystem (VIS) erfasst sind, erhalten die dort vergebene Zulassungsnummer.

2. Befähigungsnachweis für Personen, die beim Transport mit Tieren umgehen: Für Fischtransporte benötigt man keinen Befähigungsnachweis! Es sind jedoch die „Allgemeinen Bedingungen für den Transport von Tieren" zu beachten. Diese können in der Verordnung (EG) Nr. 1/2005 des Rates vom 22. 12. 2004, Artikel 3, nachgelesen werden. Die Punkte g) und h) sind aber nicht für Fische relevant!

3. Die Transportbescheinigung hat Folgendes zu enthalten (Artikel 4 der EU-Verordnung):
   - Herkunft und Eigentümer der Tiere
   - Versandort
   - Tag und Uhrzeit des Beginns der Beförderung
   - vorgesehener Bestimmungsort
   - voraussichtliche Dauer der geplanten Beförderung

4. Gemäß den tierseuchenrechtlichen Mindestanforderungen dürfen nur Fische, bei denen kein Verdacht auf eine anzeigepflichtige Fischkrankheit vorliegt, transportiert werden. Bei gemeinsamer Beförderung von Fischen mit demselben Transportmittel muss sichergestellt

sein, dass diese denselben Gesundheitsstatus (Kategorie I bis V) aufweisen. Transportmittel und allfällige Transportbehältnisse sind nach jedem Tiertransport gründlich zu reinigen und gegebenenfalls zu desinfizieren.

LEBENSMITTELSICHERHEITS- UND VERBRAUCHERSCHUTZGESETZ (LMSVG) BGBL I 2006/13

Dieses Gesetz enthält zahlreiche Verordnungsermächtigungen und regelt u. a. die Anforderungen an Lebensmittel und die Verantwortung des Unternehmers. Unter die Verantwortung gem. Abschnitt 6 des LMSVG fallen Eigenkontrollen (§ 21) und Rückverfolgbarkeit (§ 22).

Lebensmittelunternehmer haben die lebensmittelrechtlichen Vorschriften einzuhalten, deren Einhaltung durch Eigenkontrollen zu überprüfen und gegebenenfalls die erforderlichen Maßnahmen zur Mängelbehebung oder Risikominderung zu setzen. Lebensmittelunternehmer müssen die Rückverfolgbarkeit von Lebensmitteln, Futtermitteln oder Lebensmittel liefernden Tieren auf allen Produktions-, Verarbeitungs- und Vertriebsstufen sicherstellen.

Der Fischzüchter gilt auf allen Stufen der Produktion als Lebensmittelunternehmer; ab der Schlachtung der Fische stellt er ein Lebensmittel her und gilt daher auch als Hersteller.

Der Fisch gilt auf allen Produktionsstufen (beginnend mit dem Eistadium) als Tier, das zur Lebensmittelproduktion bestimmt ist.

Lebensmittel, die nicht sicher, d. h. gesundheitsschädlich und für den Verzehr durch den Menschen ungeeignet sind, dürfen nicht in Verkehr gebracht werden. In diesem Zusammenhang wird auf die Fleischuntersuchungsverordnung, die Rückstandskontrollverordnung und die Problematik der vorschriftswidrigen Behandlung von Fischbeständen verwiesen.

RÜCKSTANDSKONTROLLVERORDNUNG 2006 BGBL II 2006/110

Diese Verordnung regelt die Kontrollmaßnahmen hinsichtlich bestimmter Stoffe und Erzeugnisse sowie ihrer Rückstände in lebenden Tieren und Lebensmitteln tierischer Herkunft. Vor allem der Einsatz verbotener Stoffe ist unbedingt zu vermeiden, da die Verkehrsfähigkeit einer Ware vom Gehalt einer verbotenen Substanz abhängt. Weiters dürfen z. B. nur Fische zur Lebensmittelgewinnung herangezogen oder zur Schlachtung in Verkehr gebracht werden, die keiner vorschriftswidrigen Behandlung unterzogen wurden bzw. bei denen nach einer Behandlung die vorgeschriebene Wartezeit eingehalten wurde.

Es ist daher, um den Forderungen des LMSVG bzw. dieser Verordnung nachzukommen, mit allen krankheitsbedingten Behandlungen eines Fischbestandes ein Tierarzt/eine Tierärztin zu beauftragen.

SCHUTZ VON TIEREN ZUM ZEITPUNKT DER TÖTUNG

Seit 1. Januar 2013 gilt die Verordnung (EG) 1099/2009 über den Schutz von Tieren zum Zeitpunkt der Tötung; sie ist in allen ihren Teilen verbindlich und gilt unmittelbar in jedem Mitgliedstaat.

Für Fische gelten jedoch nur die in Artikel 3 Absatz 1 festgelegten Anforderungen:

Artikel 3: Allgemeine Anforderungen in Bezug auf die Tötung und damit zusammenhängenden Tätigkeiten.

Absatz 1: Bei der Tötung und damit zusammenhängenden Tätigkeiten werden die Tiere von jedem vermeidbaren Schmerz, Stress und Leiden verschont.

Nationale Tierschutz-Schlachtverordnung BGBl II 2015/312

Diese Verordnung enthält u. a. Bestimmungen für das Aufbewahren, Schlachten und Töten von Speisefischen, Fröschen, Krusten- und Schalentieren. Die Angaben in der Tabelle zum Aufbewahren von Speisefischen bezieht sich ausschließlich auf die kurzfristige Hälterung vor dem Verarbeiten oder Verkauf. Wer einen Fisch schlachtet oder tötet, muss diesen unmittelbar vor dem Schlachten oder Töten betäuben. Laut den Empfehlungen des Internationalen Tierseuchenamtes (OIE) sind für Salmoniden die Betäubung mittels Kopfschlag oder die Elektrobetäubung zulässig. Tiere, die für den menschlichen Verzehr bestimmt sind, müssen geschlachtet werden. Als Schlachtung gilt die Tötung durch Blutentzug. Anders getötete Fische oder bereits verendete Fische dürfen nicht in die Lebensmittelkette gelangen. Demnach muss der Fisch nach der Betäubung entblutet werden, z. B. durch Herzstich oder Kiemenbogenschnitt.

HANDELSBEZEICHNUNG VON FISCHEN UND FISCHPRODUKTEN

Hier unterscheidet der Gesetzgeber zwischen vorverpackten und nicht vorverpackten (losen) Lebensmitteln.

Folgende Angaben sind im ersten Fall verpflichtend:

- Handelsbezeichnung der Art und ihr wissenschaftlicher Name. In Österreich sind die zulässigen Handelsbezeichnungen dem Codex Alimentarius Austriacus (Österreichisches Lebensmittelbuch) zu entnehmen und nur diese dürfen verwendet werden. Die Handelsbezeichnung kann mit der Sachbezeichnung kombiniert werden (Forellenfilet).
  Die Bezeichnung des Lebensmittels darf durch keine als geistiges Eigentum geschützte Bezeichnung, Handelsmarke oder Phantasiebezeichnung ersetzt werden.
- Produktionsmethode und Fanggerät
- Angabe des Ursprungslandes/Herkunftsortes
- Name und Anschrift des Lebensmittelsunternehmers
- Verzeichnis der Zutaten und deren Menge
- Angabe der Stoffe oder Erzeugnisse, die Allergien und Unverträglichkeiten auslösen

- Nettofüllmenge des Lebensmittels
- Mindesthaltbarkeits- oder Verbrauchsdatum
- Angabe, ob das Erzeugnis aufgetaut wurde
- Lagerbedingungen
- Gebrauchsanleitung
- Nährwertdeklaration

Österreich

Gesetze werden oft durch Verordnungen ergänzt oder abgeändert, sodass man sich nach der jeweils gültigen Fassung richten muss. Es wird nochmals darauf hingewiesen, dass noch andere gesetzliche Regelungen existieren, die für die Aquakultur relevant sind. Auskünfte können in den zuständigen Ministerien, den Bezirksverwaltungsbehörden, den Landwirtschaftskammern und den verschiedenen Verbänden (Teichwirte- bzw. Forellenzüchterverband) eingeholt werden. Elektronisch kann das Rechtsinformationssystem des Bundes RIS herangezogen werden.

WEITERFÜHRENDE INFORMATIONEN

Österreich

Rechtsinformationssystem:
http://www.ris.bka.gv.at/

Bundesministerium für Gesundheit, 1030 Wien, Radetzkystraße 2; Tel +43-1/71100-0

Bundesministerium für Land- und Forstwirtschaft, Umwelt und Wasserwirtschaft, 1010 Wien, Stubenring 1; Tel:. +43-1/71100-0

Landesregierungen der jeweiligen Bundesländer

Deutschland

Rechtsinformationssystem:
https://www.bundesjustizamt.de/DE/Themen/Buergerdienste/Gesetze/Gesetze_node.html

Fischereigesetze:
http://www.fisch-hitparade.de/showthread.php?2099-Deutsche-Fischereigesetze-der-einzelnen-Bundesl%E4nder

Geschäftsstelle des Deutschen Fischerei-Verbandes e. V., Venusberg 36, 20459 Hamburg
Tel +49 (0)40-314884, Fax 040-3194449;
E-Mail: info@deutscher-fischerei-verband.de

Schweiz

Rechtsinformationssystem:
https://www.admin.ch/gov/de/start/bundesrecht/systematische-sammlung.html?lang=de

Schweizerischer Fischerei-Verband, Wankdorffeldstrasse 102, Postfach 261, 3000 Bern 22
Tel +41 (03)1 330 28 02;
Internet http://www.sfv-fsp.ch/

EMPFOHLENE UND VERWENDETE LITERATUR

AMLACHER, E. – Taschenbuch der Fischkrankheiten, Stuttgart 1972

BAUR, W., RAPP, J. – Gesunde Fische, Hamburg – Berlin 1988

BAUR, W., BRÄUER, G., RAPP, J. – Nutzfische und Krebse, Stuttgart 2010

BOHL, M. – Zucht und Produktion von Süßwasserfischen, München – Münster – Hiltrup – Wien – Bern, 1982

HAUER, W. – Fische – Krebse – Muscheln in heimischen Seen und Flüssen, Graz – Stuttgart 2007

HAUER, W. – Fische räuchern und beizen, Graz – Stuttgart 2012

HOCHWARTNER, O., LICEK, E., WEISMANN, Th. – Das ABC der Fischkrankheiten, Graz – Stuttgart, 2008

HOCHWARTNER, O., LICEK, E., WEISMANN, Th. – Fischzucht Fibel 2013, Österreichischer Fischereiverband, 2013

HOFFMANN, R. W. – Fischkrankheiten, Stuttgart, 2005

REHBRONN, E., RUTKOVSKI, F. – Das Räuchern von Fischen, Hamburg – Berlin 1977

SCHÄPERCLAUS, W. – Fischkrankheiten, Berlin 1979

SCHÄPERCLAUS, W. – Lehrbuch der Teichwirtschaft, Berlin – Hamburg 1967

SCHÄPERCLAUS, W., von LUKOWICZ, M. – Lehrbuch der Teichwirtschaft, 5. Auflage, Stuttgart 2018

SCHINDLER, O. – Unsere Süßwasserfische, Stuttgart 1975